Reinhard Seeling

Projektsteuerung
im Bauwesen

Leitfaden der Bauwirtschaft und des Baubetriebs

Herausgegeben von
Prof. Dipl.-Ing. K. Simons

Der „Leitfaden für Bauwirtschaft und Baubetrieb“ will das in Forschung und Lehre breit angelegte Feld, das von der Verfahrenstechnik über die Kalkulation bis zum Vertragswesen reicht, in zusammenhängenden, einheitlich konzipierten Darstellungen erschließen. Die Reihe will alle am Bau Beteiligten – von Bauleiter, Bauingenieur bis hin zu Studenten des Bauingenieurwesens – ansprechen. Auch der konstruierende Ingenieur, der schon im Entwurf das anzuwendende Bauverfahren und damit die Kosten der Herstellung bestimmt, sollte sich dieser Buchreihe methodisch bedienen.

Projektsteuerung im Bauwesen

Von Professor Dr.-Ing. Reinhard Seeling
Lehr- und Forschungsgebiet Planungsverfahren im Baubetrieb der Rheinisch-Westfälischen Technischen Hochschule Aachen

Mit 65 Bildern und 11 Tabellen

B. G. Teubner Stuttgart 1996

Die Deutsche Bibliothek – CIP-Einheitsaufnahme

Seeling, Reinhard:
Projektsteuerung im Bauwesen : 11 Tabellen / Reinhard Seeling.
– Stuttgart : Teubner, 1996
(Leitfaden der Bauwirtschaft und des Baubetriebs)
ISBN 3-519-05077-3

Printed in Germany
Druck und Bindung: Präzis-Druck GmbH, Karlsruhe
Umschlaggestaltung: Peter Pfitz, Stuttgart

Vorwort

Seit Mitte 1966 beschäftigt sich der Verfasser intensiv mit Projektsteuerung. Dabei stand in den ersten 10 Jahren dieser Periode die Erforschung und Entwicklung der Netzplantechnik samt ihrer Verbreitung im Vordergrund. Die Erwartungshaltung in Wirtschaft und Verwaltung, die sogar Top-Manager zurück auf die Schulbank brachte war jedoch überzogen. Sie hat der soliden Weiterentwicklung eher geschadet als genützt. Denn auf die ersten euphorischen Einsätze folgten Rückschläge, die vermeidbar gewesen wären:

- Die Netzpläne wurden durch zu starke Detaillierung aufgebläht und dadurch unübersichtlich und zu teuer.

- Der Einfluß der laufenden Projektänderungen wurde unterschätzt oder vernachlässigt; Pläne ohne Aktualisierung werden aber rasch unbrauchbar.

- Es stand in den Bauämtern und Baufirmen kein entsprechend ausgebildetes Fachpersonal zur Verfügung, das vor allem zur Durchsetzung der Ablaufpläne erforderlich gewesen wäre.

- Die damaligen Computer und die EDV-Programme waren den Erfordernissen eines schnellen Dialoges und dem Handling großer Datenmengen nicht gewachsen.

Auch Streitigkeiten unter den Experten haben keinen positiven Einfluß gebracht und der Projektsteuerung insgesamt geschadet.

Dennoch hat diese erste Epoche der Netzplantechnik zwei besonders positive Aspekte mit sich gebracht:

1. Eine Fülle von Publikationen entstand aus der Sturm- und Dranghaltung heraus für diese Innovation, die zu gründlicherer Planungsarbeit, zu mehr Arbeitsvorbereitung und für mehr Information und Kommunikation im Bauablauf gesorgt hat.

2. Die Netzplantechnik und dazu verwandte Methoden aus der Systemtechnik und Optimalplanung haben einen festen Stellenwert in der Ausbildung des Ingenieur- und Technikernachwuchses erhalten.

Im zweiten Jahrzehnt etwa von 1975 bis 1985 wurde es ein wenig stiller um die Netzplantechnik und Projektsteuerung. Die Experten waren um so intensiver damit beschäftigt, die neuen Hilfsmittel in der Praxis zu erproben. Ingenieurgesellschaften mit der Projektsteuerung als Schwerpunktaufgabe wurden gegründet. EDV-Programme für die Projektsteuerung mit dem PC oder dem Laptop wurden entwickelt oder verbessert. Diese Phase war eine nötige Konsolidierungsperiode und insgesamt kreativ. Der erwartete Nutzen stellte sich nach Vermeidung der Schwachstellen und Fehler schließlich doch ein. Der Deutsche Verband der Projektsteuerer (DVP) gründete sich mit dem Ziel, das unscharfe Leistungsbild der Projektsteuerung zu vereinheitlichen und in der Honorarordnung (HOAI) angemessen zu verankern.

In dem dritten Jahrzehnt zwischen 1985 und 1995 wurde wieder mehr über die Arbeit der Projektsteuerer berichtet. Sammelwerke und Dissertationen zeugen vom Fleiß der Experten, nicht nur unter den Bauingenieuren, sondern weit darüber hinaus. Man kann mit dem Erreichten eigentlich ganz zufrieden sein: Wir haben heute das Instrumentarium, einen Bauablauf zielsicher abzuwickeln und Termine & Kosten einzuhalten.

Es gibt aber auch Bestrebungen, dem Projektsteuerer noch mehr zuzumuten, nämlich außer Zeit und Kosten auch die Qualität zu überwachen. Dies erhöht die Verantwortung und bringt dem Bauherrn den Vorteil, daß er nur einen Gesamtverantwortlichen hat. Er setzt quasi eine Oberbauleitung ein mit allen erdenklichen Vollmachten. Man sollte aber kritisch fragen, ob das der Sache gut tut: Es gibt z.B. Baustoffprüfer, die das traditionell machen und voll beherrschen. Mit diesen sollte der Projektsteuerer nicht in Konkurrenz treten. Es kann sonst neuerliche Enttäuschungen und Rückschläge geben. Die traditionelle Bauleitung trägt die Verantwortung *für die Exekution der Baupläne*! Der Projektsteuerer leistet auch bisher nach § 31 HOAI einen sehr wichtigen Einzelbeitrag und trägt Mitverantwortung für den Bauablauf und die bestmögliche Koordination. Er ist *Berater* seines Auftraggebers und Kontrollorgan. Er sollte seine eigene Dienstleistungsfunktion als etwas Wichtiges begreifen und bejahen.

Für alle, die Projektsteuerung lernen und sich einen raschen Überblick verschaffen wollen, ist der nachfolgende Leitfaden geschrieben worden. Die jüngeren Erfahrungen beziehen sich vorrangig auf das Handling der Projektsteuerung, viele Prinzipien und Details sind aber seit der Anfangszeit unverändert geblieben.

Projektsteuerung bleibt stets eine Schlüsselaufgabe der Projektabwicklung. Aus der Redensart: „Zeit ist Geld" kann man folgern, daß jede Projektverlängerung auch zu entsprechenden Verteuerungen führen wird. Dies ist Grund genug, sie zu vermeiden!

Aachen, Sommer 1996 Reinhard Seeling

Inhalt

1 Der Begriff "Projekt"

Ein Projekt ist die Aufgabe, ein vorgegebenes Ziel mit begrenzten Hilfsmitteln (Ressourcen) zu erreichen; Anfang und Ende sind zeitlich fixiert; die Maßnahmen und Vorgänge zur Verwirklichung des Projektes sind teilweise voneinander abhängig.

Demzufolge ist ein fortlaufender Produktionsprozeß am Fließband *kein* Projekt im Sinne dieser Definition, weil ihm ein individueller Projektanfang, ein spezielles Projektende sowie eine definierte Projektdauer fehlen Projekte zeichnen sich durch

- hohe Komplexität oder
- großen Schwierigkeitsgrad oder
- erhöhten Termindruck oder
- Koordinationsprobleme

oder auch durch mehrere dieser Punkte aus. Projekte (Bauprojekte) sind in diesem Sinne nicht nur die Neubauten, sondern auch größere Um- und Anbauten sowie Modernisierungen.

Projekte stellen sich aus der Sicht eines Auftraggebers (AG) anders dar als aus der Sicht eines Auftragnehmers (AN). Ein Bauvorhaben, das in Fachlosen oder Teillosen vergeben wird, umfaßt aus der Sicht des AG eine lange Planungsphase und eine angemessene Bauphase, aus der Sicht der AN aber stets nur den eigenen Auftrag.

1.1 Projekte aus der Auftraggebersicht

Die Projektabwicklung ist im Regelfall eine Aufteilung in Fachlose, die geplant, ausgeschrieben, vergeben und koordiniert werden müssen.
Für einen Auftraggeber umfaßt ein Projekt zumeist *mehrere* Fachlose bzw. Bauabschnitte. Der Zeit- und Kostenrahmen ist daher erheblich größer als der eines einzelnen Auftrages. In Bild 1.1 sind die wichtigsten Schritte von der Projektidee bis zur Abwicklung eines Hochbau-Vorhabens nach Zuständigkeit geordnet dargestellt.
Derartige Projekte laufen zeitlich etwa in folgenden Phasen ab:

Phase		Unterphase
1.	Informationsgewinnung	Problemdefinition Zustandsanalyse Rohentwurf Auswahlentscheidung
2.	Informationsverarbeitung	Entscheidungsplanung (Vorentwurf, Bauantrag) Ausführungsplanung (Statik, Werkpläne)
3.	Durchsetzung der Planung	Ausschreibung und Vergabe Ausführung (Bau und Abrechnung)
4.	Nutzung	Inbetriebnahme, Mängelbeseitigung Nutzung

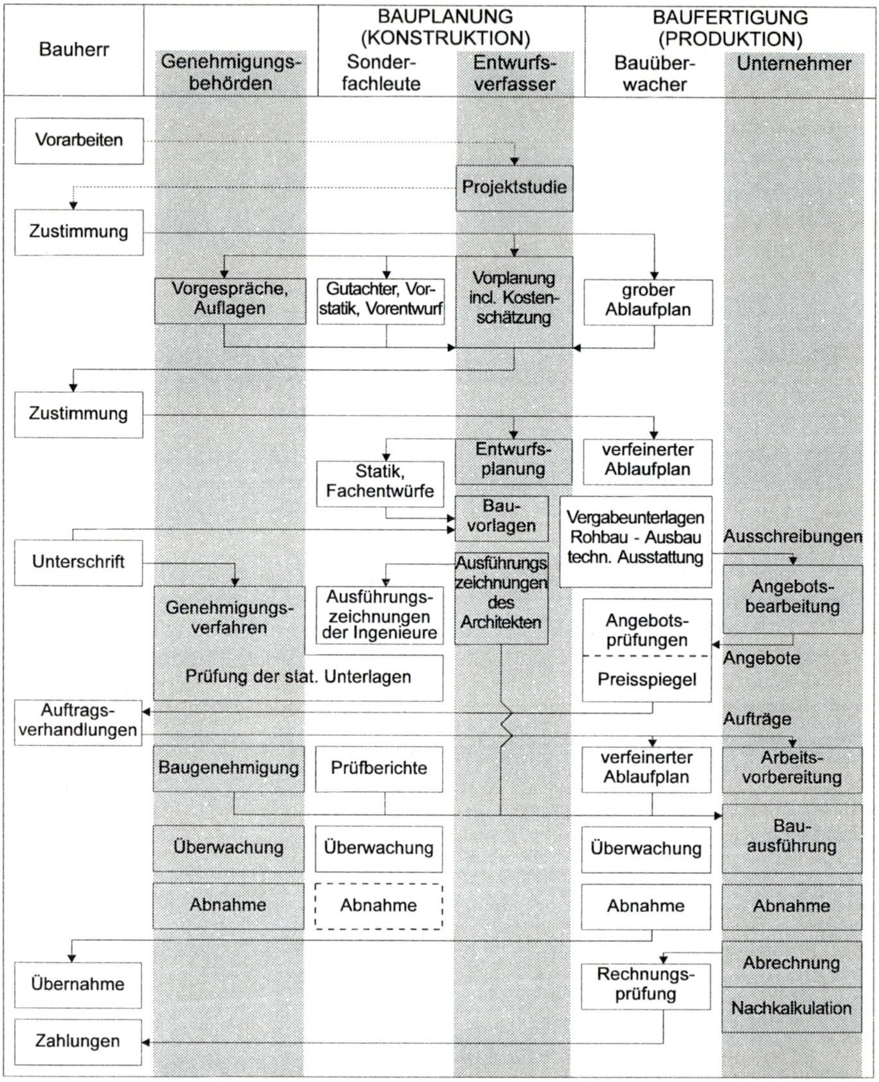

Bild 1.1 Schematischer Planungs- und Projektablauf eines Hochbaues vom Vorentwurf bis zur Abnahme und Abrechnung.

Die beiden ersten Phasen erstrecken sich oft über einen längeren Zeitabschnitt als die dritte Phase. Die zuverlässige Projektrealisierung erfordert daher bereits im Anfangsstadium eine konsequente Ablaufplanung, die unter Fachleuten als "Planung der Planung" bezeichnet wird.

1.2 Projekte aus der Auftragnehmersicht

Für einen Auftragnehmer ist *Projekt gleich Auftrag* und Projektsteuerung gleich Auftragsabwicklung. Wesen und Inhalt der Projektsteuerung können anschaulich in einem Zyklus dargestellt werden (Bild 1.2). Wenn es im folgenden vor allem um Terminplanung und Zeitansätze geht, so darf nicht übersehen werden, daß die Projektabwicklung nur dann erfolgreich sein wird, wenn auch alle anderen Aktivitäten (Arbeitsvorbereitung, Plankostenrechnung, Nachkalkulation usw.) gründlich und nach dem heutigen Kenntnisstand durchgeführt werden. Nur die regelmäßige Aktualisierung der Ablauf- / Netzpläne läßt Erfahrung und Know how entstehen, die für spätere Projektabläufe unverzichtbar sind.

Bild 1.2 Die wichtigsten Schritte für die Projektabwicklung in der Bauunternehmung nach Erhalt eines Auftrages.

Es ist bekannt, daß kein Projektablauf sich exakt so vollzieht, wie es sich der Planer zu Beginn vorgestellt hat. Dies bedeutet nicht, daß jede genaue Planung völlig vergeblich ist, sondern daß sie später, wenn neue Erkenntnisse gewonnen werden oder Veränderungen eintreten, aktualisiert bzw. fortgeschrieben werden muß.

Bei den Ablaufstörungen ist einmal in solche zu unterscheiden, mit denen normalerweise gerechnet werden konnte (Regen, Frost, Sturm, Hochwasser gemäß statistischen Erwartungen) und in solche, die völlig unvermutet eintreten (Maschinenausfälle, unerwarteter Krankenstand, Lieferengpässe usw.). Die erstgenannten Störeinflüsse können in geeigneter Form bei den Zeitansätzen berücksichtigt werden, die zweite Gruppe führt regelmäßig zu Umdispositionen und Umplanungen. Naturgemäß ist die Grenze zwischen beiden Gruppen von Ursachen fließend. Bei der Vielzahl der möglichen Fälle entstehen häufig Vertragsstreitigkeiten wegen der Verspätungen und Kostensteigerungen.

2 Der Begriff „Projektsteuerung“

Für jedes größere Projekt existieren zwei Budgets:

- das Zeitbudget und
- das Geldbudget.

Nur wenn das Projekt innerhalb des vorgegebenen zeitlichen Rahmen abläuft, wird der angegebene Kostenrahmen nicht überschritten.

Normalerweise zieht jede zeitliche Verschiebung automatisch Verteuerungen nach sich, sei es, daß sich eingetretene Teuerungen im Preis niederschlagen, oder sei es, daß ein verspäteter Beginn oder eine Behinderung Nachforderungen der Auftragnehmer auslöst.

Wenn man die Kosten eines Projektes fortlaufend summiert und über der Zeit aufträgt, ergibt sich eine Kostensummenlinie mit einer flachen S-Form (Bild 2.1). Wenn das Zeitbudget überschritten wird, gelingt es in der Regel nicht, den Kostenrahmen einzuhalten. Die linke Summenlinie in Bild 2.1 zeigt die vorgesehene Ausgabenplanung (Soll), rechts daneben die eines verzögerten (gestörten) tatsächlichen Bauablaufes (Ist). Die Ursachen sind eine Verzögerung beim Baubeginn sowie eine zu langsame Bauabwicklung mit flacherem Anstieg der Ist-Linie gegenüber der Soll-Linie.

Der Grundsatz, Zeit ist gleich Geld, kann beim Projektablauf dahingehend abgewandelt werden, daß mehr Zeit stets mehr Geld erfordert. Die Projektleitung muß daher grundsätzlich bemüht sein, das Zeitbudget in Ordnung zu halten. Die Ablaufplanung ist das geeignete Instrument dafür und die Netzplantechnik ein sehr effektives Werkzeug.

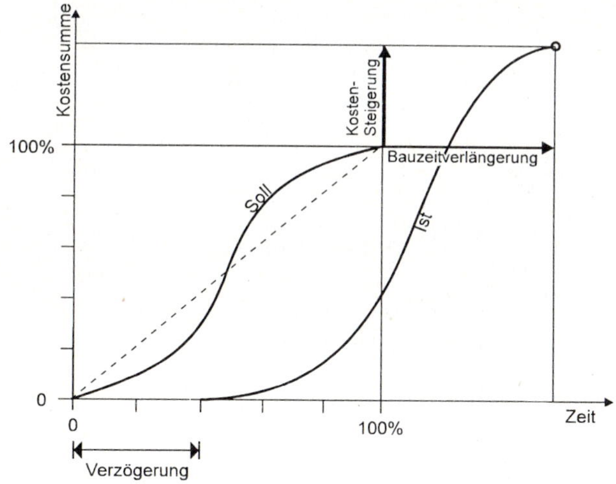

Bild 2.1 Gegenüberstellung der Kostensummenlinien des geplanten Projektablaufes (Soll) und des tatsächlichen (gestörten) Bauablaufes (Ist).

Die Projektleitung muß sich ferner bemühen, den Projektablauf *ganzheitlich* als einen Einsatz von Zeit, Geld und Betriebsmitteln zu sehen. Dabei ist die Interessenlage von AG und AN durchaus unterschiedlich:

- Der AG hat meist Festpreise und wünscht in der Regel einen größtmöglichen Betriebsmitteleinsatz auf seiner Baustelle.

- Der AN möchte durch den Bauauftrag seine Betriebsmittel für längere Zeit möglichst gleichmäßig auslasten, d.h. entweder geringe Kapazitäten für möglichst lange Zeit einsetzen oder aber die Betriebsmittel über mehrere Aufträge nach Arbeitsanfall koordinieren.

Der AN trägt aber für seinen Auftrag das Risiko des angemessenen Kapazitätseinsatzes, weil eine zu geringe Dimensionierung nicht zur pünktlichen Erfüllung des Vertrages führt und ein zu großer Einsatz möglicherweise Behinderungen sowie unnötige Transportkosten u.a.m. zur Folge haben kann.

Diese ganzheitliche Projektbetrachtung schließt daher stets auch Dimensionierung und Bereitstellung der Ressourcen mit ein, die aus der Sicht des AN sogar Priorität erlangen können, insbesondere wenn die nächste Baustelle die gleichen Betriebsmittel ebenfalls benötigt.

Einen Projektablauf steuern heißt also, stets aktuelle Vorgaben machen, so daß die Projektziele erreicht werden können. Dabei ist die Zielerreichung in angemessenen Zeitabständen zu kontrollieren. Die Grundvorstellung dazu ist im baubetrieblichen Regelkreis von Bild 2.2 enthalten:

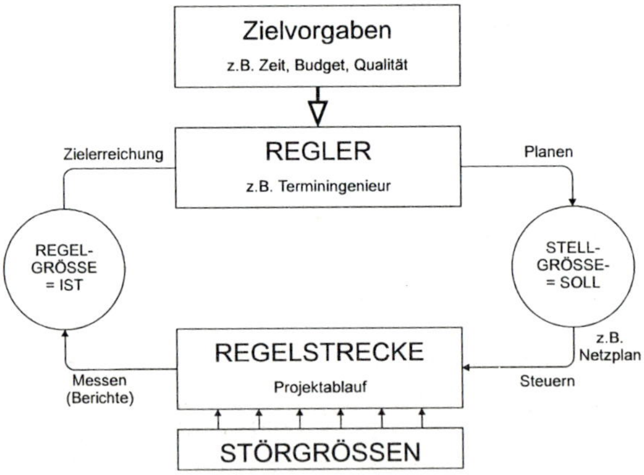

Bild 2.2 Der baubetriebliche Regelkreis als Modell für die Projektsteuerung.

1. Schritt: Sollvorgabe durch Terminplanung
2. Schritt: Warten auf die Ergebnisse / Berichte
3. Schritt: Kontrolle: Sollvorgabe erfüllt?
   wenn ja: weiter mit Schritt 2
   wenn nein: weiter mit Schritt 1

2.1 Zweckmäßige Vertragsgestaltung

Als Regelfall für die Vergabe soll der Einheitspreisvertrag mit einer Gliederung in Fachlose angesehen werden. Sofern eine eindeutige Leistungsbeschreibung im Sinne von § 9.1 VOB/A gewählt und im Rahmen der 10%-Klausel von § 2.3 VOB/B eine zutreffende Mengenangabe gefunden worden ist, kann davon ausgegangen werden, daß Nachtragsaufträge eine Ausnahme bilden. Durch eine Ausschreibung von Varianten und Alternativen, von denen jeweils nur eine zur Ausführung kommen wird, kann in Bauverträgen die notwendige Flexibilität geschaffen werden. Durch Alternativpositionen wird auch die Möglichkeit verbessert, neue Einheitspreise auf der Basis des Hauptvertrages zu bilden. Neben der Leistungsbeschreibung hat vor allen Dingen die Abgrenzung der Fachlose im Hinblick auf eine später einwandfreie Gewährleistung große Bedeutung.

Ebenfalls große Tragweite haben die Vereinbarungen über die Ausführungsfristen (§ 11 VOB/A bzw. § 5 VOB/B): Dementsprechend ist die Ausführung nach den vertraglichen Fristen zu beginnen, angemessen zu fördern und zu vollenden. Es genügt den formaljuristischen Ansprüchen nicht, den *Baubeginn als Kalenderdatum* zu nennen und die Bauzeit in Arbeits- oder Kalendertagen anzugeben, um nach Ablauf dieser Frist den Auftragnehmer in Verzug zu setzen. Dies ist nur möglich, wenn für den Abschluß der Arbeiten im Bauvertrag ebenfalls ein *Kalenderdatum* benannt worden ist.

Zwischentermine gelten nur dann als Vertragsfristen, wenn dies im Vertrag ausdrücklich vereinbart ist. Eine im Auftragsschreiben vielfach gebrauchte Floskel, daß der eingereichte Bauzeitplan Vetragsbestandteil wird, kann nur dahingehend verstanden werden, daß beide Vertragsparteien die Grundüberlegungen des Terminplanes als Arbeitskonzept ansehen. Die Einzelfristen sind dadurch aber nicht Vertragsbestandteil geworden, ebensowenig wie der einzelne Vorgang unbedingt mit einem bestimmten Betriebsmittel oder mit einer bestimmten Geschwindigkeit durchgeführt werden muß.

Der AG oder sein Bevollmächtigter hat nach § 4.1 VOB/B das Zusammenwirken der verschiedenen Unternehmer auf der Baustelle zu regeln. Um dies ohne Mehrkosten im Projektablauf sicherzustellen, müssen die besonderen Vertragsbedingunen auf diesen Fall zugeschnitten sein, selbstverständlich auch die Terminvorgaben in der Ausschreibung. Nur dann können Schadenersatzansprüche eines AN auf den jeweiligen Verursacher abgewälzt werden.

Eine wichtige Rolle im Vertragsalltag spielen die Vertragsstrafen. Sie sollen nach § 12 VOB/A nur für solche Termine vorgesehen werden, deren Überschreitung dem AG erhebliche Nachteile verursacht. Jeder Endtermin eines Gewerkes ist in der Regel ein bedeutsamer Termin im Projektablauf, der mit Vertragsstrafe belegt werden kann. Schwieriger ist es jedoch, für die Einhaltung von Zwischenterminen zwingende Gründe zu finden und angemessene Vertragsstrafen festzusetzen, da meistens die Kosten einzelner Bauteile unbekannt sind. Die Vertragsstrafe ist stets in angemessenen Grenzen zu halten, d.h. sie ist in der Größe zwischen 1% und 1% der Auftragssumme für jeden Arbeitstag (AT) Überschreitung festzulegen. Regelungen über Vertragsstrafen dürfen nicht dazu mißbraucht werden, die Baukosten des AG zu verringern.

Der Auftraggeber, der außer bei Sondervorschlägen grundsätzlicher Art, das LV der Ausschreibung stets selbst aufstellt oder aufstellen läßt, muß das spätere Zusammenspiel von Planern, AG, AN, Projektsteuerer, Nach- und Nebenunternehmern, Lieferanten usw. in den Verträgen regeln z.B. durch Hinweise in den Vorbemerkungen (Besonderen Vetragsbedingungen). Dazu gehört auch die Auskunftspflicht aller Beteiligten. Wird dies unterlassen oder vergessen, kann sich ein Planer oder anderer AN auf den Standpunkt stellen, er schuldet keine Auskünfte über seinen Leistungsstand (z.B. im Büro) schuldet. Dies erschwert die Projektsteuerung später unangenehm.

Informationsverweigerung oder -verwässerung ist stets ein Mangel bei der Projektabwicklung und ein erster Schritt für die spätere Schieflage eines Projektes. Dies muß der AG wissen, um vertragliche Fehler und Schwachstellen von vornherein auszuschalten (mehr dazu im Abschnitt 9).

2.2 Optimale Projektorganisation

Die Projektorganisation ist speziell auf die Bedürfnisse des Projektes zugeschnitten und wird nach Abschluß des Projektes wieder aufgelöst. Die Projektorganisation wird je nach Größe der Bauaufgabe entweder in einer bestehenden Organisation in Form eines Teams etabliert oder bei besonders großen Projekten in Form einer Neubauabteilung oder eines Neubauamtes geschaffen (z.B. für den Bau einer neuen Autobahnverbindung, für einen Flugplatzneubau, für ein Talsperrenprojekt oder für einen Kanalausbau). Die Projektorganisation muß arbeitsfähig sein, um ihre Aufgabe selbständig erfüllen zu können.

Die Projektleitung soll folgende organisatorische Aufgaben lösen:

1. Eindeutige Zuordnung von Aufgaben und Kompetenzen, insbesondere bei der Zusammenarbeit zwischen der Aufbauorganisation in der Zentrale und der Ablauforganisation vor Ort. Die Abgrenzung von Aufgaben und Verantwortung ist erst gelöst, wenn ein entsprechendes Organigramm darüber erstellt wurde (Bild 2.3).

2. Umfassende Vorausplanung und möglichst frühzeitige Herbeiführung aller wichtigen Entscheidungen.

3. Zweckmäßige und rationelle Arbeits- und Entscheidungsabläufe, insbesondere um die Kosten-Nutzen-Relation möglichst günstig zu gestalten.

4. Sicherstellung eines regelmäßigen Informationsflusses und von Kontrollen für termin- und sachgerechte Entscheidungen.

5. Wirkungsvolle Koordination, mit dem Ziel, Konflikte frühzeitig zu erkennen und Dispositionen so früh wie möglich in die Wege zu leiten.
   Die Aufgaben der Projektorganisation auf Baustellen sind nicht widerspruchsfrei:
   einerseits soll die Eigeninitiative und Entscheidungsfreude der Beteiligten gestärkt werden, andererseits sind die Planungsergebnisse durchzusetzen. Eine derartige Projektorganisation muß in der Regel aus einer Kernmannschaft bestehen, die in den

Hauptlebensphasen eines Projektes um weitere Mitarbeiter verstärkt wird. Eine Projektorganisation soll für längere Zeit fest zusammen bleiben und dennoch flexibel sein.

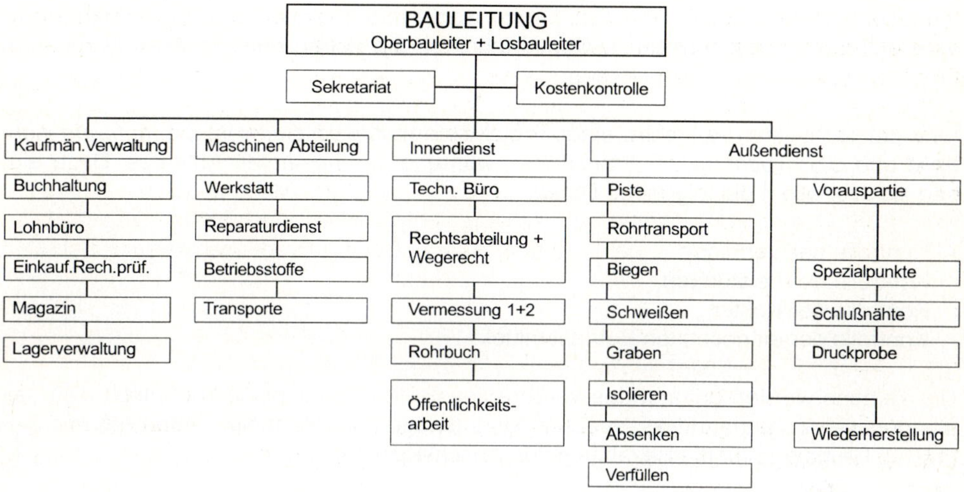

Bild 2.3 Organigramm einer Großbaustelle (Pipelinebau).

2.3 Regelmäßige Projektinformationen

Insbesondere die Ausführung von Bauprojekten ist ein dezentraler Prozeß. Solche Projekte können nur planmäßig ablaufen, wenn der Informationsfluß reibungslos funktioniert, d.h. wenn die lebensnotwendigen Informationen sowohl von oben nach unten wie von unten nach oben als auch innerhalb der Projektorganisation quer ausgetauscht werden.

Um vor allen Dingen in größeren Projekten mit vielen Beteiligten die Informationsgewinnung und -verarbeitung richtig zu steuern, kann ein spezielles Projekt-Informationssystem sinnvoll sein. Dieses regelt die *Art und Menge* der zu übermittelnden Daten und Informationen, die *Art der Zusammenfassung* bzw. Verschlüsselung von Informationen, den *Zeitpunkt* der Informationsvermittlung, den *Übermittlungsweg* sowie die *Darstellungsform.* Ein solches "Informations*system*" darf nicht aufwendiger sein als unbedingt nötig. Es muß auf die bestehende Projektorganisation abgestimmt und auch dem Führungsstil der Projektleitung angepaßt sein. Zur wirtschaftlichen Projektführung werden aktuelle Informationen benötigt, damit sich die Entscheidungen auf die jeweils maßgebenden Einflußgrößen nach dem neuesten Stand abstützen können. LV, Bauvertrag, Angebotskalkulation und Terminplanung sind die Datenbasis eines solchen Projektinformations-Systems.

Am Projektbeginn liegen meist nur wenige Daten vor. Während der Projektrealisierung fallen jedoch laufend neue Daten in großer Menge an, die erfaßt und aufbereitet werden müssen. Dieser Informationsfluß soll systematisch alle am Projekt beteiligten Stellen einbeziehen. Große Datenmengen erfordern stets eine Auswahl und Verdichtung der Informationen, da nicht jede Stelle über alle Details informiert werden soll. Ein wichtiges Merkmal solcher Informationssysteme ist es, die Informationsbedürfnisse jeder Stelle im Hinblick auf die bestmögliche Aufgabenerfüllung klar festzulegen. Zuviel Informationen sind ebenso schädlich wie zu wenig Informationen. Große Projekte erfordern außerdem umfangreiche Dokumentationen, die neben den aktuellen Unterlagen für die Projektleitung erstellt werden.

Eine der wichtigsten Aufgaben eines Projektfinformationssystems ist die *laufende Kontrolle und Überwachung der Projektziele,* während des gesamten Ablaufes. Dazu eignen sich vor allem die folgenden Daten:

- Kontrolle der Termine,
- Kontrolle der Leistungen,
- Kontrolle der Kosten,
- Kontrolle der eingesetzten Betriebsmittel.

Die Termine werden anhand des vorab aufgestellten Terminplans kontrolliert. Die Leistungen werden anhand von Abrechnungsunterlagen und Aufmaßen überprüft und dienen als Grundlage für die Bezahlung von Abschlagsrechnungen.

Die Informationssysteme können für gleichartige Projekte ggf. auch unterschiedlich gestaltet sein. Für das bestmögliche Zusammenwirken der Projektbeteiligten kann ein Informationssystem während des Projektablaufes durchaus verändert werden, um allen Bedürfnissen Rechnung zu tragen. Eine wichtige Komponente dieser Informationssysteme ist beispielsweise die regelmäßige Baustabsitzung (jour fix), die in der Planungsphase 14-tägig stattfinden kann, in der Bauphase dagegen besser wöchentlich, da sonst der Informationsfluß zu spärlich und ohne Auswirkung ist.

3 Methoden für die Bauablaufplanung und -kontrolle

Die Methoden für die Ablaufplanung (Terminplanung) werden nach ihrer grafischen Darstellung benannt und unterschieden. *In jedem Fall* müssen die Zeitverbräuche gesondert ermittelt (oder geschätzt) und die logischen Zusammenhänge wie Reihenfolge der Vorgänge, Gleichzeitigkeiten, Überlappungen u. dgl. erarbeitet werden.

Man unterscheidet prinzipiell

- den Balkenplan,
- das Zeit-Weg-Diagramm und
- den Netzplan.

Alle drei Methoden führen bei gleichem Input zum gleichen Ergebnis. Jede Methode hat jedoch Stärken und Schwächen, die ggf. dadurch ausgeglichen werden, daß man sie parallel verwendet.

Netzpläne sind die am höchsten entwickelte Form, Bauabläufe zu planen und zu berechnen. Sie bestehen aus der Netzstruktur, die durch die logische Reihung aller Vorgänge entsteht und in geeigneter Form dargestellt wird, sowie aus der anschließenden Netzplanberechnung, die die eigentlichen Plantermine (Solltermine) in handlicher Tabellen- oder Listenform liefert. Die Ausarbeitung ab Abschnitt 4 beschäftigt sich ausschließlich mit den Fragen und Problemen der Netzplantechnik.

3.1 Ermittlung von Zeitgrößen für die Bauablaufplanung

Die Anforderungen an die Genauigkeit der Bauzeitplanung nehmen von der sehr groben langfristigen Bauzeitplanung bis hin zur kurzfristigen Bauzeitplanung stark zu. Während es beispielsweise für einen langfristigen Übersichtsnetzplan oder in der Kalkulation genügt, mit einer *mittleren* Fertigungszeit zu rechnen, ist es für kurzfristige Bauprogramme erforderlich, den einschlägig bekannten Einarbeitungseffekt zu berücksichtigen.

Je genauer und zuverlässiger die Bauzeitplanung ist, desto brauchbarer sind alle nachfolgenden Entscheidungen.

Ein zentrales Problem ist es, den *richtigen* Zeitansatz für die einzelnen Vorgänge zu finden. Fragt man drei Experten nach dem wahrscheinlichsten Zeitverbrauch, so erhält man in der Regel drei Antworten; weil jeder von anderen Vorstellungen und Erfahrungen ausgeht. Die Schlußfolgerung daraus ist, daß wir keine übertriebene Genauigkeit für die Vorausplanung der Bauabläufe benötigen, sondern übliche Durchschnittswerte (ggf. mit Auf- und Abrundungen).

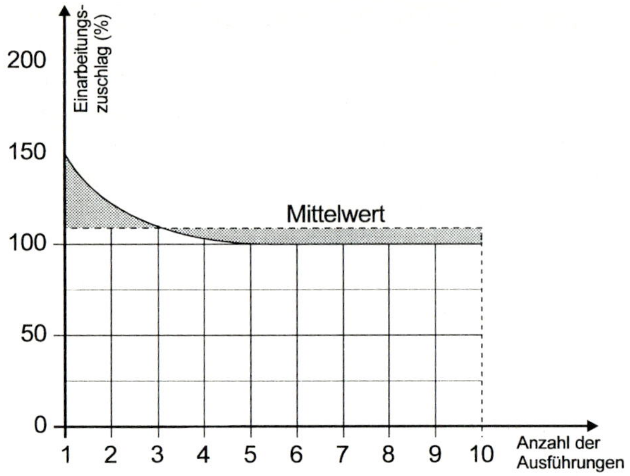

Bild 3.1 Einarbeitungseffekt für das Einschalen gleicher Bauteile bei zehn Wiederholungen.

Die Genauigkeitsanforderungen an Bauzeitpläne werden in Zukunft steigen, weil sie mehr und mehr für die Steuerung von Baustellen herangezogen werden. Dabei ist es nebensächlich, in welcher Form die Bauzeitplanung durchgeführt wird.

Für die Detaillierung der Bauzeitplanung gilt aus wirtschaftlichen Erwägungen der Grundsatz

So grob wie möglich, so detailliert wie nötig

und nicht umgekehrt.

Häufig ist es unzweckmäßig, alle Arbeitsvorgänge eines Bauteiles einzeln zu nennen, weil die Bauzeitpläne zu umfangreich, zu unhandlich und für spätere Kontrollen unbrauchbar werden. Bei der Zusammenfassung mehrerer parallel ablaufender Verrichtungen ist die zeitlich längste Folge aufzusuchen. Überlappungen mit anderen Vorgängen werden gesondert erfaßt.

Zeitgrößen aller Art können beschafft werden

- durch permanente Sammlung und Auswertung von Ist-Daten,
- durch Auswertung von Herstellerangaben für Baumaschinen,
- durch Schätzungen von Personen mit einschlägiger Erfahrung,
- durch Zeitmessung und Arbeitsstudien für bereits laufende Vorgänge.

Als Zeiteinheit für Bauprogramme eignet sich vor allem der Arbeitstag (nicht der Kalendertag und auch nicht der Wochentag), in Übersichtsplänen auch die Woche, jedoch seltener der Monat. Der Arbeitstag (AT) ist als Planungsgröße unbedingt zu empfehlen, weil die Planung dadurch von Feiertagen und sonstigen Ausfalltagen frei wird. Die Auf- und Abrundung von Bruchteilen ist bei der Arbeitsvorbereitung sinnvoll, weil es sich stets um Prognosen handelt.

3.1.1 Zeitansätze für lohnintensive Bauarbeiten

Für jede Baumaßnahme, für die eine Bauvorbereitung durchzuführen ist, liegt eine Kalkulation oder ggf. sogar eine Plankostenrechnung mit Stundenansätzen vor. Diese Stundenvorgaben sind um die unproduktiven Randstunden sowie Prämien- oder Akkordstunden zu reduzieren, um zutreffende Dauern für die Bauzeitplanung zu gewinnen.

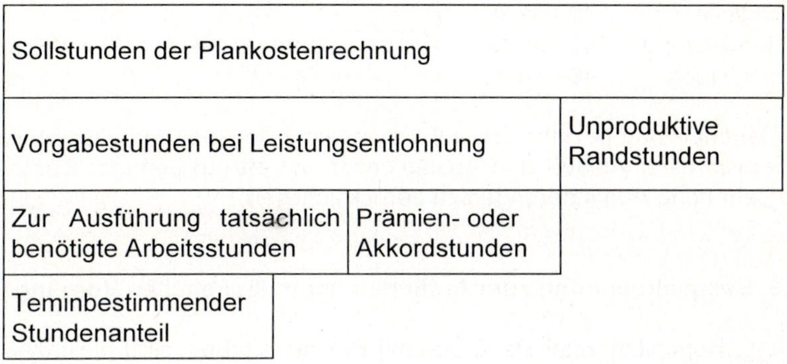

Bild 3.2 Zusammenhang zwischen dem kalkulatorischen Stundenansatz und dem terminbestimmenden Zeitanteil eines Vorganges.

Beispielsweise kann beim Einschalen die Vormontage von Systemschalungen oder beim Bewehren das Flechten von Körben oder das Vorbereiten von Spanngliedern als nicht terminbestimmend eliminiert werden. Die dann noch verbleibenden Stunden werden durch die eingesetzte Mannschaftsstärke und die Schichtdauer dividiert, um die Vorgangsdauer zu ermitteln.

Welcher Zeitanteil in einem zusammengefaßten Vorgang terminbestimmend ist, kann nur durch eine Vergleichsrechnung beantwortet werden. So könnte beispielsweise das Ausschalen und die Schalungsreinigung terminbestimmend sein, wenn das Schalmaterial im nächsten Schalungsabschnitt wieder verwendet wird. Dagegen ist es nicht terminbestimmend, wenn so viel Schalmaterial auf der Baustelle im Einsatz ist, daß das Ausschalen quasi nebenbei erfolgen kann.

3.1.2 Zeitansätze für maschinenintensive Bauarbeiten

Im allgemeinen sind vorwiegend die durch Maschineneinsätze bestimmten Leistungen genauer vorzuplanen als lohnabhängige Arbeitsfolgen. Hierzu wurden im vergangenen Jahrzehnt viele Formeln entwickelt, die alle zunächst die theoretisch mögliche Grundleistung ermitteln und diese anschließend angemessen abmindern.

Derartige Leistungsansätze werden für alle Bereiche benötigt, für die Baumaschinen sowie Anlagen eingesetzt werden: angefangen bei Brechern und Sieben über Betonmischer oder komplette Mischanlagen bis zu den Gewinnungs-, Lade-, Transport- und Einbaugeräten im Erd- oder Straßenbau sowie beim Bohren und Sprengen. Spezialliteratur über dieses Gebiet ist unter [3.2] bis [3.5] ausgewiesen. Auf die Wiedergabe einzelner Formeln wird daher hier verzichtet, weil es sehr viele verschiedene Leistungsansätze hierfür gibt.

Das Problem des *richtigen* Zeitansatzes besteht darin, die theoretische Grundleistung zutreffend abzumindern. Im Betonbau wie im Erdbau können folgende groben Richtwerte für die Abminderungen angesetzt werden:

Schichtleistung	70 - 90 %	der theoretischen Grundleistung
Wochenleistung	60 - 80 %	
Dauerleistung	40 - 60 %	

Die Dauerleistung bezieht sich auf die gesamte Bauzeit (Vorhaltezeit) einer Anlage einschließlich einer Anlauf- und Auslaufphase mit oft nur geringer Beschäftigung. Daher sind sehr hohe Abminderungen zu berücksichtigen.

3.1.3 Beispielrechnung zum Auffinden der maßgeblichen Vorgangsdauer

Für das Herstellen einer Baugrube mit Berliner Verbau, sind gleichzeitig und abwechselnd die Teilleistungen Baugrubenaushub (= maschinelle Arbeit) und Verbauen mit Kantholz (= manuelle Arbeit) zu verrichten. Welcher der beiden Arbeitsgänge terminbestimmend ist, muß durch eine Nebenrechnung festgestellt werden:

1) Baugrubenaushub:
100 m Länge, 10 m Breite, 10 m Tiefe, d.h. 10.000 m^3 (fest)

Tieflöffelbagger: 1,5 m^3 Löffelinhalt
Schwenkwinkel: 90°, d.h. 70 Nennspiele/h
Schichtdauer: 8 h/AT
Auflockerungsfaktor: 1,2

Theoretische Grundleistung: $\frac{1{,}5 \times 70 \times 8}{1{,}2} = 700\ m^3 / AT$

Abminderung: 70%

Dauer "Aushub": $\frac{10.000 \times 1{,}2}{700 \times 0{,}7} = \underline{\underline{24{,}5\ AT}}$

2) Berliner Verbau (Die Verbauträger sind bereits gerammt):
Verbaufläche: 220 x 10 = 2.200 m^2
Mannschaftsstärke: 10 Mann
Verbauleistung: 1,0 h/m^2

Dauer "Verbauen": $\frac{2.200 \times 1{,}0}{10 \times 8} = \underline{\underline{27{,}5\ AT}}$

Maßgebend für die Dauer des Vorgangs "Aushub und Verbauen" ist der Einbau der Kanthölzer. Der Bagger kann also nicht voll ausgelastet werden. Trotz Überdimensionierung darf er im Hinblick auf Reißkraft und Reichweite nicht kleiner gewählt werden.

3.1.4 Zeitansätze bei mehrstufigen Bauprozessen

Bei Ketten von Baumaschinen sowie Anlagen und/oder Arbeitsgruppen können durch Ausfall einer Gruppe ggf. weitere Produktionsstellen zum Stillstand kommen. Eine dreigliedrige Produktionskette sind z.B. Mischturm-Kabelkran-Betoneinbau beim Bau einer Betonstaumauer. Auch wenn für eine hohe Verfügbarkeit auf jeder einzelnen Stufe gesorgt wird, wirkt sich mangels eines Materialpuffers der Ausfall eines Teilbetriebes sofort auf die Leistung aller anderen Bereiche aus. In derartigen Fällen ist die Leistung des *Gesamtsystems* zu erfassen, die stets niedriger liegt als die geringste Leistung in irgendeinem Teilbereich. Hierbei führen die weit verbreiteten einfachen Formelansätze zu falschen Resultaten. Nur durch Simulation können die echten Leistungen gefunden werden, wie das folgende Beispiel zeigt:

Ein Radlader mit $1{,}6\,m^3$ Schaufelinhalt belädt $8.0\,m^3$ fassende LKW mit 5 Ladespielen in 1,092 Minuten. Die Fahrzeit beträgt 6,2 Min. Wie groß ist die reale Leistung des Systems "Radlader + Lastkraftwagen", wenn die Anzahl der Fahrzeuge variabel ist?

a) Einfacher Rechensatz über die Umlaufzeit:
Maximal mögliche Fahrzeuganzahl:

$$n = \frac{\text{Umlaufzeit}}{\text{Ladezeit}} = \frac{6{,}2 + 1{,}092}{1{,}092} = 6{,}65 \approx \underline{\underline{7\ \text{Fz.}}}$$

Theoretische Grundleistung des Laders:

$$\frac{8 \times 60}{1{,}092} = \underline{\underline{439{,}6\ m^3}}\ /\ h.$$

b) Ein Simulationsansatz hat die in Bild 3.3 Kurve b dargestellten genaueren Ergebnisse geliefert.

Wie Bild 3.3 zeigt, führen die einfachen Leistungsansätze bei einem Lader-LKW-System gerade im maßgebenden Bereich zu überhöhten Leistungserwartungen. Die theoretische Grundleistung bei n = 7 Fahrzeugen beträgt statt $439{,}9\,m^3$ nur $382\,m^3/h$ was einem Fehler von etwa 15 % entspricht. Der Wert von $382\,m^3$ ist die theoretische Grundleistung und muß je nach Größe der Erdbewegung und den sonstigen Umständen zur Bauzeitermittlung weiter abgemindert werden.

Die "optimale" Fahrzeuganzahl kann jedoch nicht aus Bild 3.3 unmittelbar abgelesen werden, sondern erfordert anschließend eine Kostenbetrachtung. Die in diesem Beispiel gefundenen Kosten sind in Bild 3.4 aufgetragen (ohne Berücksichtigung eines Abminderungsfaktors). Demnach sind hier die Fahrzeugzahlen 6 und 7 die kostengünstigsten, mit denen aus der zu transportierenden Menge die Dauer des Vorganges zu bestimmen ist, z.B. mit 7 Fahrzeugen nach dem Ansatz

$$\text{Dauer} = \frac{\text{Gesamtmenge x Auflockerungsfaktor}}{382\ m^3\ /\ h \times 8\ h\ /\ AT \times \text{Abminderungsfaktor}} \quad [AT]$$

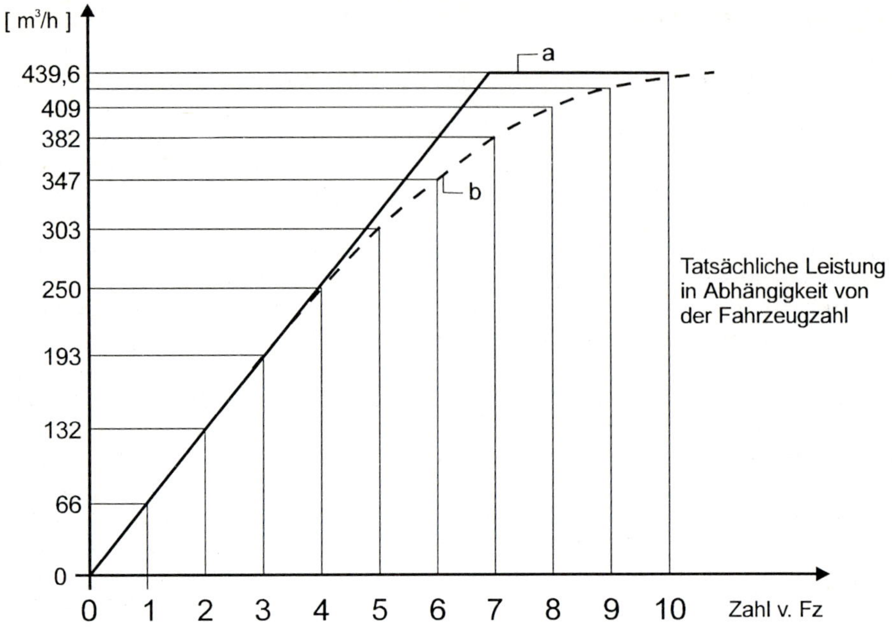

Bild 3.3 Gegenüberstellung der Resultate einer üblichen Leistungsberechnung über die Umlaufzeit der LKW (a) und einer Auswertung nach der Warteschlangentheorie (b).

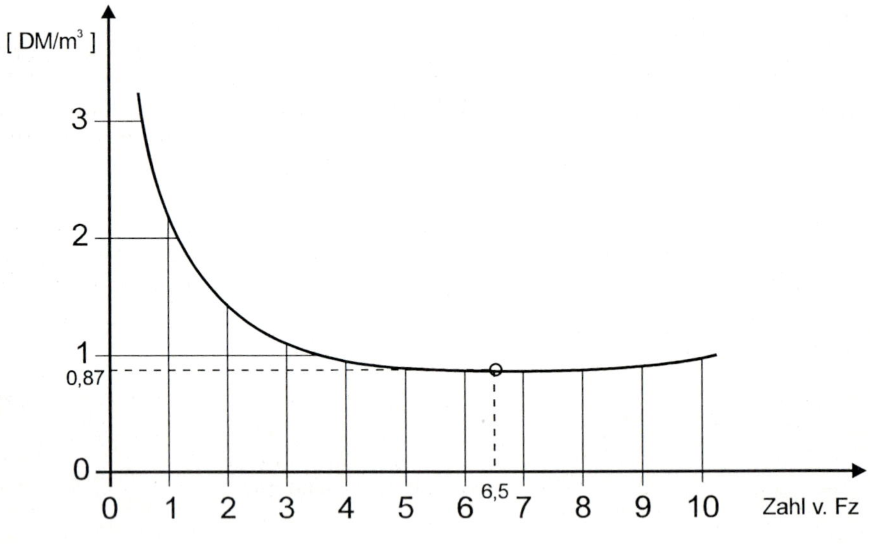

Bild 3.4 Kostenauswertung zu Kurve b in Bild 3.3

Das Kostenminimum liegt hier bei 6,5, d.h. rund 7 Fahrzeugen.

3.2 Der Balkenplan

Balkenpläne (auch Balkendiagramme oder Gantt-Diagramme genannt) sind die im Baubetrieb am weitesten verbreitete Form der Bauablaufplanung. Sie werden aufgestellt, indem der Bauablauf in Vorgänge unterteilt wird. Die Gliederung von Leistungsverzeichnissen ist dafür im allgemeinen nicht anwendbar, da sie auf die Abrechnung und nicht auf die Erfordernisse des Bauablaufes ausgerichtet ist.

Im Balkenplan werden die ausgewählten Vorgänge in beliebiger Reihenfolge vertikal aufgelistet. In horizontaler Richtung werden sie im Zeitmaßstab dargestellt. Jeder Vorgang erhält einen Balken von der Länge seiner Dauer, und zwar genau in der zeitlichen Lage, in der die betreffende Arbeit ausgeführt werden soll. Durch farbige Darstellungen aller gleichartigen Vorgänge kann die Übersichtlichkeit verbessert werden. Die Abhängigkeiten von Vorgängen werden zwar beachtet, aber überwiegend nicht dargestellt.

Balkenpläne verlieren mit zunehmender Höhe und Länge an Übersichtlichkeit, weil das Auge lange Linien nur schwer verfolgen kann. Deshalb sollte dann besser ein *verdichteter* Balkenplan (Bild 3.5) gewählt werden, in dem mehrere aufeinanderfolgende Vorgänge in geeigneter Weise in einer Zeile zusammengefaßt werden können. Dies erfordert aber zwingend eine Beschriftung der Balken anstelle der Schrift am linken Blattrand. Während der einfache Balkenplan von Spezialprogrammen (nach aufsteigendem Anfang) erstellt werden kann, muß der verdichtete Balkenplan mit speziellen Grafikprogrammen oder von Hand individuell gezeichnet werden.

Der Balkenplan ist ohne besondere Schulung für jedermann sofort verständlich. Er enthält aber keine oder höchstens einzelne logische Verknüpfungen. Dagegen ist der Netzplan, der alle logischen Abhängigkeiten erfassen soll, nur nach einer gewissen Schulung und Einarbeitung verständlich. Was liegt also näher, als einen aufgestellten und durchgerechneten Netzplan anschließend als Balkenplan darzustellen? Es sollte jedem Netzplanaufsteller ein Herzensanliegen sein, daß sein Netzplan als Balkenplan zunächst besser verstanden und anschließend eingehalten werden kann.

Umgekehrt ist vielleicht die Abfassung eines Balkenplanes für eine komplizierte Phase des Bauablaufes zu oberflächlich. Dann ist es natürlich ratsam, für diese Phase einen detaillierten Netzplan aufzustellen, auch wenn für andere Teile der gleichen Bauaufgabe kein Netzplan erforderlich sein sollte. Beide Techniken und Darstellungsmittel ergänzen sich gegenseitig.

Der Balkenplan ist nicht nur ein geeignetes Mittel zur Darstellung kompletter Bauabläufe, sondern ebenso gut für Teile daraus oder für spezielle Ausschnitte bzw. Auszüge als Abschnittsplan, Detailplan oder Maschineneinsatzplan. Nach der Unsicherheit der Zeitschätzung besteht die zweite Problematik der Balkenpläne darin, daß die Überlappung der Vorgänge nicht konsequent konstruiert und bewertet wird.

Deshalb gibt es als weiteren Typ oder als weiteres Informationsinstrument das Zeit-Weg-Diagramm, vor allem für Linienbaustellen.

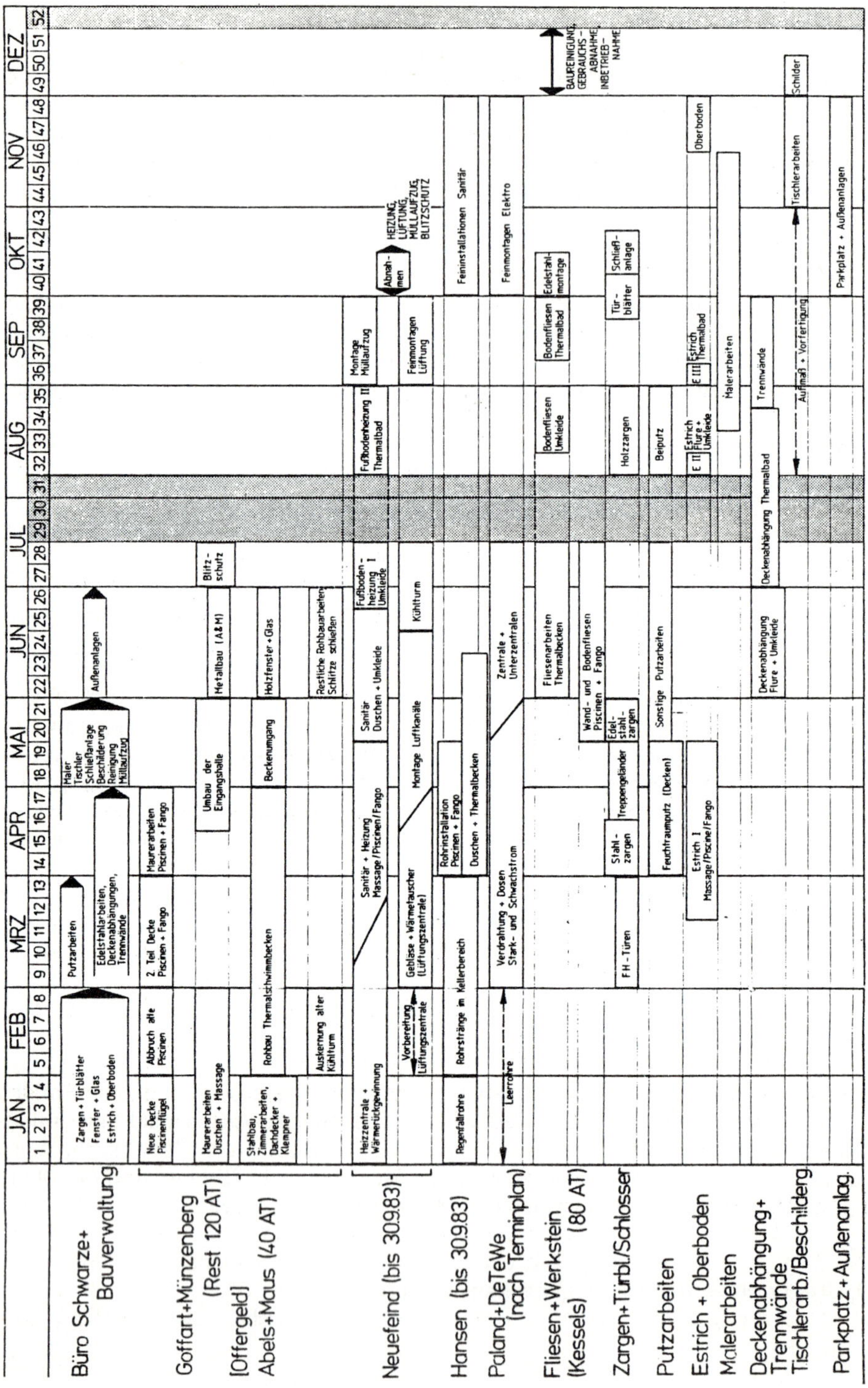

Bild 3.5 Verdichteter Balkenplan (Anwendungsfall).

3.3 Zeit-Weg-Diagramme

Für Baustellen mit einer Hauptrichtung (Linienbaustellen) eignet sich das Zeit-Weg-Diagramm: In einer Richtung werden die Zeiteinheiten maßstabsgerecht aufgetragen (vertikal), in der anderen Richtung wird die Abwicklung des Bauwerkes in der Bauwerksachse ebenfalls maßstäblich dargestellt. Ein Vorgang, der am Anfang des Bauwerkes beginnt und am entgegengesetzten Punkt endet, bildet sich als durchgehende Linie ab. Da die Steigung dieser Linie ein Maß für die Arbeitsgeschwindigkeit ist, wird mancherorts diese Darstellungsform auch "Geschwindigkeits-Zeit-Diagramm genannt.

Kann ein Vorgang nicht vom Anfang bis Ende mit konstanter Geschwindigkeit ablaufen, so wird dies durch örtlich größere oder geringere Neigung ausgedrückt. Andere Vorgänge, die nur in Teilabschnitten ablaufen, bilden sich durch kürzere Linien ab, sind sie ganz auf einen Ort (Punkt) beschränkt, muß man sie als senkrechten Pfeil darstellen. Kann man einige parallel ablaufende Arbeiten zusammenfassen, so ist dies mit einem schraffierten Band entsprechender Zeit-Weg-Diagrammen:

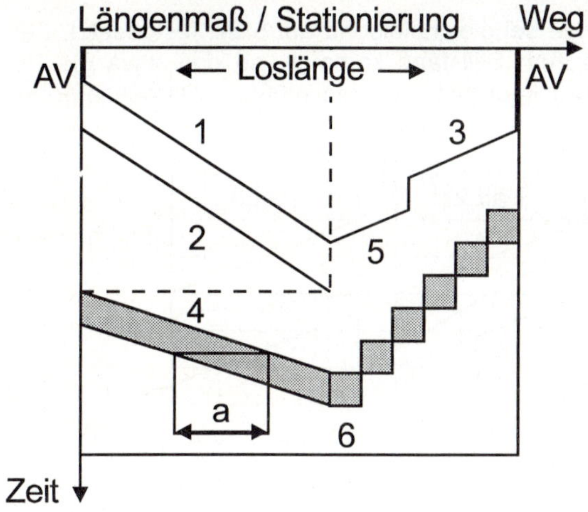

Erklärungen:
1. Arbeiten in Richtung der Stationierung
2. Nachfolgearbeiten mit gleicher Geschwindigkeit
3. Arbeiten in Gegenrichtung (mit Stillstand)
4. Mehrere gleichzeitige Arbeitsgänge im Baubereich a (wandernd)
5. Feldweises (abschnittsweises) Arbeiten, z.B. mit einem Schalwagen
6. Über die gesamte Länge kontinuierlich fortschreitender

   Arbeitsgang

Bild 3.6 Die Konstruktionselemente von Zeit-Weg-Diagrammen.

Ein wichtiges Kontrollinstrument, das bei Balkenplänen nicht existiert, besteht darin, daß sich die verschiedenen Vorgangslinien nicht schneiden dürfen, d.h. die Vorgänge dürfen sich in der Regel nicht überholen. Jede Schnittstelle ist kritisch auf ihre "Machbarkeit" hin zu untersuchen.

Dürfen sich Linien mit unterschiedlicher Steigung nur bis zum Maß x annähern, so ist dies ebenfalls klar darstellbar als „kritische Annäherung" zweier Vorgänge.

Dies sowie die Steigungen der Vorgänge, d.h. die Angabe örtlich auch unterschiedlicher Geschwindigkeiten, liefern eine höhere Informationsdichte als der Balkenplan sie erreichen kann.

Aber Zeit-Weg-Diagramme ab einer gewissen Größe mit sehr vielen Linien wirken unübersichtlich und verlieren ihren Sinn. Außerdem können Planungs- und ähnliche Vorgänge, die einen Bauablauf oft maßgeblich bestimmen, nicht untergebracht werden.

3.4 Die gegenseitige Beeinflussung ungleich schneller Vorgänge

Wir betrachten drei aufeinanderfolgende Vorgänge A-B-C im Kanalbau mit den voraussichtlichen Dauern in AT von

		Fall 1	Fall 2	Fall 3
A	Grabenaushub	20	20	20
B	Rohrverlegung	20	30	5
C	Grabenverfüllung	20	20	20

Keiner dieser drei Vorgänge darf seinen Nachfolger überholen.

Die kritische Annäherung aller Vorgänge sei gleichbleibend auf 5 ZE festgesetzt. Ferner soll kein Vorgang zwischendurch zum Stillstand kommen, so daß etwa die Betriebsmittel abgezogen und wieder zurückgebracht werden müßten. Daraus ergeben sich folgende Bauzeiten:

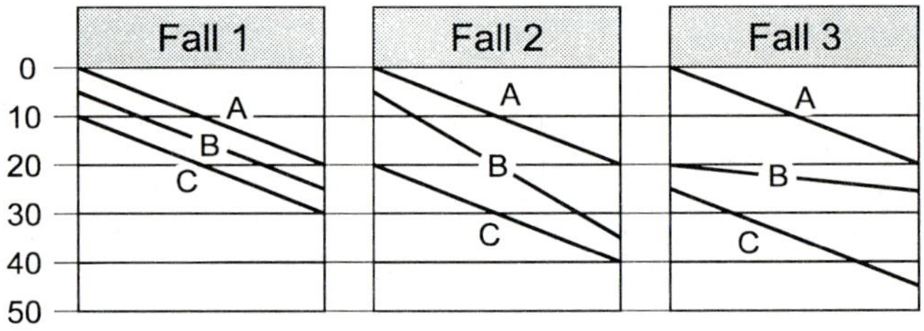

Bild 3.7 Zeit-Weg-Diagramme für die drei Fälle

Es zeigt sich, daß im ersten Fall mit synchron ablaufenden Vorgängen die *kürzeste* Gesamtbauzeit erzielt wird, während die Verlangsamung des mittleren Vorgangs B eine Verlängerung bewirkt, weil das Ende von C hinausgeschoben wird. Den gleichen Effekt hätte auch die *Verkürzung von B*: wegen der kritischen Annäherung kann C erst bei Zeitpunkt 25 starten. Im letzten Fall addieren sich sogar die drei Einzeldauern 20 + 5 + 20 zur Gesamtbauzeit von 45 ZE.

Dieses Phänomen, hier mit Zeit-Weg-Diagrammen gezeigt, tritt in gleicher Weise bei Balken- oder Netzplänen auf, so daß eine strikte Forderung der Arbeitsvorbereitung bzw. Bauablaufplanung lautet: alle parallel ablaufenden Arbeiten sind stets gleich schnell zu gestalten.

4 Einführung in die Netzplantechnik (NPT)

4.1 Theoretische Grundlagen der NPT

Die mathematisch-theoretische Grundlage der NPT liefert die Graphentheorie. Auch Gesetze der Mengenlehre und Operationen der Matrizenrechnung sind vor allen anderen Gebieten bedeutsam.

In der Graphentheorie werden die Eigenschaften einer Menge von Punkten (Knoten), die durch Kanten untereinander verbunden sind, untersucht. Das mathematische Modell, auf das sich dabei alle Methoden und Verfahren der NPT zurückführen lassen, ist ein gerichteter, endlicher und zyklenfreier Graph:

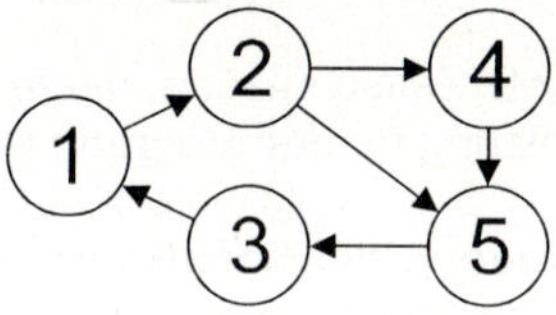

Bild 4.1 Gerichteter, zyklenfreier Graph mit Knoten und Kanten.

Dabei bedeuten:

- *gerichtet*, daß die Pfeile von einem definierten Knoten ausgehen und in einen definierten Knoten einmünden (Darstellung in Form eines Pfeiles),

- *endlich*, daß von jedem Knoten nur endlich viele Pfeile ausgehen und daß nur endlich viele Knoten in diesem Graphen vorhanden sind und

- *zyklenfrei*, daß man von einem beliebigen Knoten eines Graphen ausgehend, den Pfeilen folgend, nicht wieder zum Ausgangspunkt zurück gelangen kann.

4.2 Wichtige Etappen bei der Entwicklung der NPT

Etwa Anfang und Mitte der 50er Jahre entstanden unabhängig voneinander in USA und Frankreich die drei klassischen Methoden der NPT:

- *die Critical Path Method (CPM)*
  als Vorgangspfeilnetzplan (Vorgänge als Pfeile dargestellt) mit Scheinvorgängen (als gestrichelte Pfeile dargestellt) und mit Ereignissen (als Knoten dargestellt).
  In Zusammenarbeit mit der Firma du Pont de Nemours und der Remington Rand Univac wurde dieses Planungsinstrument für den Bau einer chemischen Fabrik im Werte von 10 Mio. Dollar entwickelt. Das Projekt umfaßte 393 verschiedene Teilarbeiten und 156 Konstruktions- und Liefertermine. Der spätere Vergleich mit der gleichzeitig durchgeführten konventionellen Terminplanung ergab zwei Vorteile durch Anwendung von CPM:

Die Projektdauer wurde ohne zusätzlichen Aufwand um 2 Monate verkürzt und spätere Planungsumstellungen erforderten einen wesentlich geringeren Aufwand.

Etwa gleichzeitig ist ebenfalls in den USA eine weitere Methode entwickelt worden:

- *die Program Evaluation und Review Technique (PERT)*
  als Ereignisknotennetzplan.
  Die Abschlüsse aller Vorgänge werden als "Ereignisse" angesehen, für deren Eintritt man Wahrscheinlichkeiten berechnet. Diese Berechnung beruht darauf, daß für *jeden* Vorgang die sog. "Betaverteilung" angenommen wird mit folgender Mittelwertbildung:

$$t_j = \frac{a + 4m + b}{6}$$

  Darin bedeuten a die günstigste Zeitschätzung, m die wahrscheinlichste Dauer und b die pessimistischste Zeitschätzung für den Vorgang j.

Derartige PERT-Netzpläne werden in der amerikanischen Rüstungsindustrie verlangt. Die einheitliche Betaverteilung für alle Vorgänge führt jedoch zu systematischen Berechnungsfehlern (!). Außerdem würde die Beschaffung von drei Zeitschätzungen im Bauwesen große Schwierigkeiten bereiten, so daß hier auf weitere Einzelheiten über diese Methode verzichtet werden kann.

Als dritte und von den beiden erstgenannten abweichende Methode ist zu nennen:

- *die Metra-Potential-Methode (MPM)*
  aus Frankreich, die als erste die Vorgangsknotendarstellung benutzt und zwischen diesen Knoten nicht nur unbewertete (logisch bedingte) Pfeile zuläßt, sondern auch bewertete Pfeile. Dies war die Erfindung der später so genannten "Anordnungsbeziehungen."

  MPM wurde von der Beratungsfirma SEMA für die Electricité de France zum Bau von Großkraftwerken entwickelt. Die Publikationen von Roy, von dem die Grundgedanken und mathematischen Beweise stammen, wurden erst Mitte der 60er Jahre bei uns bekannt. Die wesentlichen Elemente (Vorgangspfeildarstellung und bewertete Anordnungsbeziehungen) wurden bei uns allgemein übernommen und weiterentwikkelt, ohne daß MPM in der ursprünglichen Ausprägung bei uns Eingang gefunden hat.

In den ersten Jahren der stürmischen Verbreitung der NPT gab es bei uns aufreibende Richtungskämpfe, ob im Bauwesen die Vorgangspfeilnetzpläne vom Typ CPM vorteilhafter sind oder die Vorgangsknotennetzpläne vom Typ MPM. Es konnte damals gezeigt werden, daß Netzpläne mit dem gleichen Inhalt und gleichen Definitionen für Darstellung und Berechnung zum gleichen Ergebnis führen [4.3].

Während Vorgangspfeilnetzpläne kleiner sind als Vorgangsknotennetzpläne mit der gleichen Vorgangszahl, haben letztere den Vorzug, daß sie leichter zu ändern sind. Es ist ein Vorteil für die Methode und die Benutzer, daß heute in unserem Lande ausschließlich Vorgangsknotennetzpläne benutzt werden. Lediglich bei Auslandsaufträgen können CPM-Netzpläne von ausländischen Consultingbüros vorgeschrieben sein. Deshalb sollte man sich stets mit allen Varianten der NPT vertraut machen.

Die Anwender der NPT und EDV-Firmen haben aufbauend auf den Grundprinzipien spezielle Methoden und Programme entwickelt, die teilweise mehr zur Kapazitätsplanung als zur eigentlichen Terminplanung und Ablaufsteuerung gedacht sind. Die nachfolgende Aufzählung einiger früher Programmsysteme erfolgt ohne Wertung der Qualität und ohne Anspruch auf Vollständigkeit:

- PCS Projekt Control System
- PPS ProjektPlanungs- und Steuerungssystem
- LESS Least Cost Estimating und Scheduling
- RAMPS Resource Allocation und Multi-Projekt-Scheduling
- ASTRA Automated Scheduling and Timeintegrated Resources Allocation
- GRASP General Resource Allocation and Scheduling Programm
- SINET Siemens Netzplantechnik
- BKN Baukasten-Netzplan-Methode
- PDM Precedence Diagramming Method
- HMN Hamburger Methode der NPT
- DNPT Dynamische NPT
- GRANEDA Grafische Netzplan-Darstellung

Wegen besonderer Einzelheiten darüber wird auf die Spezialliteratur in [8.1] und [8.2] verwiesen. Die Vielzahl der Entwicklungsrichtungen läßt erkennen, daß ein breites Spektrum von Interessen entstanden ist. Dabei sind durch die starke Verbreitung von Personal-Computern neue Entwicklungsmöglichkeiten eröffnet (s. Kapitel 8 über Datenverarbeitung in der NPT).

4.3 Begriffe und Definitionen aus der NPT

Eine wesentliche Erleichterung bei der Erlernung der NPT hat die etwa 1970 eingeführte DIN 69.900 gebracht (Blatt 1: Begriffe; Blatt 2: Sinnbilder). Damit würde die bis dahin übliche Sprachverwirrung beendet. Wer sich heute nicht dieser Terminologie bedient, ist für Fachleute leicht als ein Neuling zu erkennen. Darüber hinaus hat die Vereinheitlichung der Begriffe Gültigkeit im gesamten deutschen Sprachraum erlangt, was die Verständigung mit österreichischen und Schweizer Kollegen sehr erleichtert, und ist ferner nicht auf das Bauwesen beschränkt.

Die wichtigsten Abschnitte aus DIN 69.900 werden hier direkt übernommen, so daß diese Bezeichnungen anschließend verwendet werden können.

Auszug aus DIN 69 900, Blatt 1 (Stand: Nov. 1974)

1. Allgemeine Begriffe

Benennung	Kurzzeichen	Erklärung
Netzplantechnik	NPT	Alle Verfahren zur Analyse, Beschreibung, Planung, Steuerung, Überwachung von Abläufen auf der Grundlage der Graphentheorie, wobei Zeit, Kosten, Einsatzmittel und weitere Einflußgrößen berücksichtigt werden können.
Netzplan		Graphische oder tabellarische Darstellung von Abläufen und deren Abhängigkeiten.
Knoten		Verknüpfungspunkt im Netzplan.
Startknoten		Knoten, in den kein Pfeil einmündet.
Zielknoten		Knoten, von dem kein Pfeil ausgeht.
Pfeil		Gerichtete Verbindung zwischen zwei Knoten (in der Graphentheorie als gerichtete Kante bezeichnet).
Weg		Durch einen oder mehrere aufeinanderfolgende Pfeile hergestellte Verbindung zweier Knoten.
Schleife		In sich geschlossener Weg, der mehrfach durchlaufen werden kann (in der Graphentheorie auch als Zyklus bezeichnet).
Rang eines Knoten	R	Größte Anzahl der Pfeile, die zwischen allen Startknoten und dem betrachteten Knoten auf einem Weg auftritt.
Ereignis		Eintreten eines definierten Zustandes im Ablauf.
Vorereignis		Einem Ereignis u n m i t t e l b a r vorgeordnetes Ereignis.
Nachereignis		Einem Ereignis u n m i t t e l b a r nachgeordnetes Ereignis.
Startereignis		Ereignis, zu dem es im betrachteten Netzplan kein Vorereignis gibt.
Zielereignis		Ereignis, zu dem es im betrachteten Netzplan kein Nachereignis gibt.
Meilenstein		Ereignis besonderer Bedeutung.
Vorgang		Zeitforderndes Geschehen mit definiertem Anfang und Ende.
Vorgänger		Einem Vorgang u n m i t t e l b a r vorgeordneter Vorgang.
Nachfolger		Einem Vorgang u n m i t t e l b a r nachgeordneter Vorgang.
Startvorgang		Vorgang, zu dem es im betrachteten Netzplan keinen Vorgänger gibt.
Zielvorgang		Vorgang, zu dem es im betrachteten Netzplan keinen Nachfolger gibt.
Anordnungsbeziehung	AOB	Quantifizierbare Abhängigkeit zwischen Ereignissen oder Vorgängen. Die Gesamtheit der Anordnungsbeziehungen des Netzplanes bildet die Ablaufstruktur.
Normalfolge	NF	Anordnungsbeziehung vom Ende eines Vorgangs zum Anfang seines Nachfolgers.
Anfangsfolge	AF	Anordnungsbeziehung vom Anfang eines Vorgangs zum Anfang seines Nachfolgers.
Endfolge	EF	Anordnungsbeziehung vom Ende eines Vorgangs zum Ende seines Nachfolgers.
Sprungfolge	SF	Anordnungsbeziehung vom Anfang eines Vorgangs zum Ende seines Nachfolgers.

Benennung	Kurzzeichen	Erklärung
		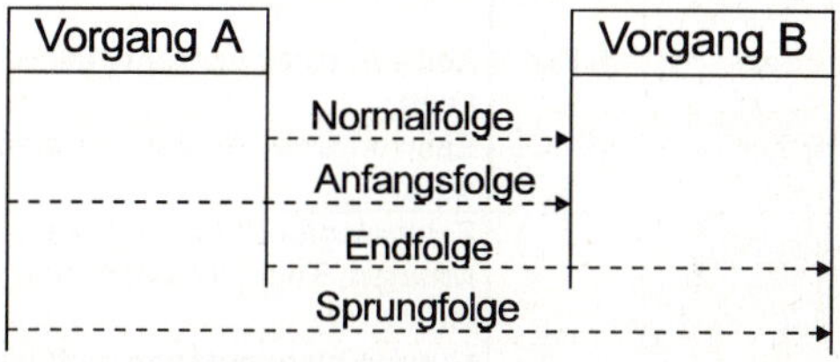
Scheinvorgang		Sonderfall einer Anordnungsbeziehung in Vorgangspfeilnetzen mit dem Zeitabstand Null.
Ereignisorientierter Netzplan		Netzplan, der ausschließlich durch die Beschreibung von Ereignissen gekennzeichnet ist (unabhängig von der Darstellungsform).
Vorgangsorientierter Netzplan		Netzplan der ausschließlich durch die Beschreibung von Vorgängen gekennzeichnet ist (unabhängig von der Darstellungsform).
Gemischt orientierter Netzplan		Netzplan, der durch die Beschreibung sowohl von Ereignissen als auch von Vorgängen gekennzeichnet ist (unabhängig von der Darstellungsform).
Ereignisknotennetzplan	EKN	Netzplan, nach einem Verfahren, bei dem vorwiegend Ereignisse beschrieben und durch Knoten dargestellt werden.
Vorgangsknoten-Netzplan	VKN	Netzplan nach einem Verfahren, bei dem vorwiegend Vorgänge beschriebenund durch Knoten dargestellt werden.
Vorgangspfeil-Netzplan	VPN	Netzplan, nach einem Verfahren, bei dem vorwiegend Vorgänge beschrieben und durch Pfeile dargestellt werden.

2. Zeitbegriffe

Benennung	Kurzzeichen	Erklärung
Dauer	D	Zeitspanne vom Anfang bis zum Ende eines Vorganges.
Optimistische Dauer	OD	Dauer eines Vorganges, die unter besonders günstigen Bedingungen vorkommen kann.
Häufigste Dauer	HD	Dauer eines Vorganges, die unter üblichen Bedingungen meist vorkommt.
Pessimistische Dauer	PD	Dauer eines Vorganges, die unter besonders ungünstigen Bedingungen vorkommen kann (Fälle von höherer Gewalt sind auszuschließen).
Mittlere Dauer	MD	Errechneter Erwartungswert für die Dauer eines Vorganges, z.B. gemäß der Beta-Verteilung $MD = \frac{OD + 4\,HD + PD}{6}$
Minimale Dauer	MIND	Geringster Wert, auf den eine Dauer verkürzt werden kann.
Maximale Dauer	MAXD	Höchstzulässiger Wert für eine Dauer.

Benennung	Kurz-zeichen	Erklärung
Zeitabstand	Z	Zeitwert einer Anordnungsbeziehung. Er kann größer als, kleiner als oder gleich Null sein.
Minimaler Zeit-abstand	MINZ	Zeitwert einer Anordnungsbeziehung, der nicht unterschritten werden kann.
Maximaler Zeit-abstand	MAXZ	Zeitwert einer Anordnungsbeziehung, der nicht überschritten werden darf.
Zeitpunkt		Festgelegter Punkt im Ablauf, dessen Lage durch Zeiteinheiten (z.B. Minuten, Tage, Wochen) beschrieben und auf einen Nullpunkt bezogen ist.
Termin		Durch Kalenderdatum und/oder Uhrzeit ausgedrückter Zeitpunkt.
Lage (im zeitlichen Ablauf)		Ergebnis der Einordnung von Ereignissen bzw. Vorgängen in den Zeitablauf unter Beachtung aller gegebenen Bedingungen.

3. Zuordnung Ereignis bzw. Vorgang zu frühester bzw. spätester Lage

	Ereignis		Vorgang			
			Anfang		Ende	
Früheste Lage (im zeitlichen Ablauf)			Früh. Anfang	FA	Früh. Ende	EF
	Früh. Zeitpunkt	FZ	Früh. Anfangszeitpunkt	FAZ	Früh. Endzeitpunkt	FEZ
	Früh. Termin	FT	Früh. Anfangstermin	FAT	Früh. Endtermin	FET
Späteste Lage (im zeitlichen Ablauf)			Spät. Anfang	SA	Spät. Ende	SE
	Spät. Zeitpunkt	SZ	Spät. Anfangszeitpunkt	SAZ	Spät. Endzeitpunkt	SEZ
	Spät. Termin	ST	Spät. Anfangstermin	SAT	Spät. Endtermin	SET
Die Benennungen und Kurzzeichen ergeben sich aus den Zuordnungen der Leitspalte zur Kopfzeile der Tabelle						

Benennung	Kurz-zeichen	Erklärung
Bestimmender Weg		Weg, durch den die zeitliche Lage eines Ereignisses bzw. Vorgangs bestimmt wird.
Pufferzeit		Zeitspanne, um die die Lage eines Ereignisses bzw. Vorgangs verändertwerden kann.
Gesamte Pufferzeit	GP	Zeitspanne zwischen frühester und spätester Lage eines Ereignisses bzw. Vorgangs. Bei Ereignissen ist GP = SZ - FZ Bei Vorgängen ist GP = SAZ - FAZ = SEZ - FEZ
Freie Pufferzeit	FP	Zeitspanne, um die ein Ereignis bzw. Vorgang gegenüber seiner frühesten Lage verschoben werden kann, ohne die früheste Lage anderer Ereignisse bzw. Vorgänge zu beeinflussen.
Freie Rückwärts-pufferzeit	FRP	Zeitspanne, um die ein Ereignis bzw. Vorgang gegenüber seiner spätesten Lage verschoben werden kann, ohne die späteste Lage anderer Ereignisse bzw. Vorgänge zu beeinflussen.
Unabhängige Pufferzeit	UP	Zeitspanne, um die ein Ereignis bzw. Vorgang verschoben werden kann, wenn sich seine Vorereignisse bzw. Vorgänge in spätester und seine Nachereignisse bzw. Nachfolger in frühester Lage befinden.
Kritischer Weg		Weg mit ausschließlich solchen Ereignissen bzw. Vorgängen, deren gesamte Pufferzeit GP ein Minimum ist.

4.4 Der Problemkreis "Vorgang"

4.4.1 Die Vorgangsfindung

Die Projektabläufe werden durch Zerlegen in einzelne Teile oder "Vorgänge" analysiert. Diese Vorgänge (früher auch Aktivitäten, Tätigkeiten, Teilprozesse, Jobs, o.ä. genannt) sind der eigentliche Gegenstand jeder Terminplanung.

DIN 69.900 gibt folgende Definition für diesen Begriff:

> "Vorgang ist ein zeiterforderndes Geschehen mit definiertem Anfang und Ende."

Jeder Vorgang ist also durch *sinnvolle* Anfangs- und Endpunkte, d.h. Ereignisse begrenzt. Das sind stets der Beginn und die Fertigstellung einer Sache.

Beispiele für solche Vorgänge sind:

- Planungszeiten (Vorentwurf, Werkpläne usw.),
- Planungsvorlauf
- Ausführungszeiten (Aufzug montieren),
- Ausschreibungsvorgänge (Angebot, Submission, Vergabe)
- Lieferfristen,
- Termine (z.B. Verkehrsumleitung Monate),
- Wartezeiten (Abbinden), Wasserstände, Wetterperioden,
- Entscheidungstermine (Vergabe bis 30. Okt.).

Die *richtige Auswahl* der Vorgänge eines Projektes ist die subjektive Tätigkeit des Terminplaners. Hierbei ist der Spielraum für den Planaufsteller sehr groß. Er sollte stets auch Vorgänge mit aufnehmen, die nicht in der eigenen Verantwortlichkeit stehen.

Maßgebend ist *Zweck und Zielsetzung der Planaufstellung*. Der Netzplan für das gleiche Projekt wird anders aussehen, ob er für einen AG, einen AN oder GU angefertigt wird, ob er einem Angebot beigefügt ist oder ob er Grundlage einer Bauausführung sein soll. Man sollte für die Vorgangsauswahl den Grundsatz verfolgen: "So grob wie möglich und so detailliert wie nötig" keinesfalls umgekehrt! Denn jeder zusätzliche Vorgang vergrößert den Netzplan und erfordert später Aufwand für seine Wartung und Aktualisierung.

Das Leistungsverzeichnis (LV) kann nicht als Vorgangsverzeichnis verstanden werden, selbst dann nicht, wenn sich Ausschreibung und Gegenstand des Netzplans vollkommen decken, was zumeist nicht der Fall ist. Denn im LV wird alles zusammengefaßt, was zum gleichen Preis abgerechnet werden soll. Unterschiedliche Materialqualitäten bewirken differenzierte Einheitspreise und damit eine Aufschlüsselung in mehrere LV-Positionen.

Die Vorgänge im Netzplan werden dagegen nach ihrer zeitlichen Lage im Projektablauf und nach ihrem Zeitbedarf festgelegt. Unterschiedliche Materialqualitäten brauchen dabei nicht berücksichtigt zu werden, wenn der entstehende Zeitbedarf gleich groß ist.

Über das LV hinaus muß ein Netzplan auch alles sonst erfassen, was Zeit verbraucht, z.B. Planlieferungen, Abnahmen, Abbindefristen, Koordination und andere Prozeduren.

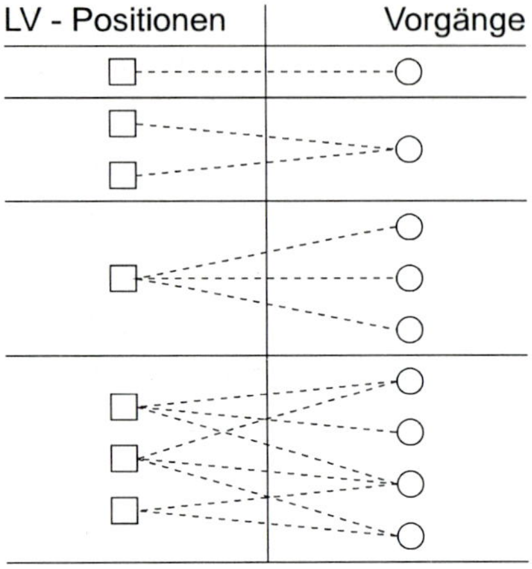

Bild 4.2 Zusammenhang zwischen LV-Positionen und Netzplanvorgängen.

4.4.2 Zeiteinheit und Zeitschätzung

Jeder Vorgang muß einen Zeitwert erhalten. Dabei kann die Zeiteinheit (ZE) beliebig gewählt werden z.B. Stunden, Arbeitstage, Wochen, Monate usw. Da alle Zeitwerte nur Schätzungen sind, ist es nicht zweckmäßig, mit Teilen von ZE zu arbeiten. Vielmehr sollten Bruchteile von ZE auf- oder abgerundet werden, so daß alle ZE eines Netzplanes *ganzzahlig* sind. Zur Vermeidung von Fehlerquellen wird man innerhalb eines Netzplanes die ZE nicht wechseln.

Für viele Fälle hat sich die Zeitgröße "Arbeitstag" im Bauwesen als vorteilhaft herausgestellt. Wird ein Ablauf in Arbeitstagen geplant, so muß der Bezug zu den Kalendertagen hergestellt werden, z.B.

1. Arbeitstag = 21.03.1996
2. Arbeitstag = 22.03.1996
3. Arbeitstag = 25.03.1996

Dieser Kalenderbezug kann bei Bedarf ausschnittweise auf den gezeichneten Netzplan übertragen werden. Wichtig ist, daß bei den Zeitansätzen alle Fristen, Termine, Wartezeiten usw., die als Kalendertage gegeben sind, auf Arbeitstage reduziert werden, d.h. eine Woche Lieferzeit oder Ausschalfrist bedeutet bei 5-Tage-Woche 5 AT und bei 6-Tage-Woche 6 AT Dauer.

Für die Zeitansätze können frühere Aufzeichnungen, Erfahrungen, kalkulierte Stundenansätze o.ä. herangezogen werden, wobei stets die *tatsächliche* Leistung der Betriebsmittel zu berücksichtigen ist. Fehlen geeignete Unterlagen, müssen Schätzungen getroffen werden, für die der Netzplaner die beteiligten Ressorts oder Firmen befragen sollte.

Unbekannte Dauern von einzelnen Vorgängen können zunächst offen bleiben. Sie ergeben sich später aus dem berechneten Netzplan (z.B. Betrieb einer Wasserhaltung).

Witterungseinflüsse können entweder durch entsprechende höhere Zeitansätze für den Ausfall durch Regen, Frost, Hochwasser usw. berücksichtigt werden oder es wird eine sichtbare Reserve für das Witterungsrisiko ausgewiesen durch eine niedrigere Projektdauer. Dabei wird offengelassen, bei welchem Vorgang Leistungsausfälle tatsächlich eintreten.

Beispiel: 100 000 m^3 Erdbewegung für eine Straßenbaumaßnahme
Durchschnittliche Tagesleistung der Maschinen:
2 000 m^3/d (mögliche Spitzenleistung 3 000 m^3 /d)

Vorgangsdauer: $\frac{100000}{2000} = 50$ AT

Erwartete witterungsbedingte Ausfälle: 20 %

Möglichkeit 1: Vorgangsdauer 50 x 1,20 = 60 AT;

Möglichkeit 2: Vorgangsdauer 50 und 10 Tage Reserve gegenüber dem *End*termin.

Nicht jeder Vorgang darf automatisch Zeitreserven erhalten, weil sie sich addieren und zu große Projektdauern ergeben. In der Regel spielen Kapazitätsüberlegungen bei der Zeitschätzung die entscheidende Rolle (z.B. für die Mannschaftsstärke oder den Maschineneinsatz), so daß auch auf betriebliche Grundtatsachen Rücksicht genommen werden muß.

4.4.3 Die Vorgangsliste zur Dokumentation der Vorgänge und ihrer Zeitwerte

Die Aufstellung einer Vorgangsliste ist zur Dokumentation erforderlich. Je größer der Netzplan, desto wichtiger sind kopierfähige Listen. Dabei handelt es sich um eine rein formale Tätigkeit: Alle Vorgänge werden mit Nummern versehen und aufgelistet. Es ist zweckmäßig, hierfür einen geeigneten Arbeitsschlüssel festzulegen, der für noch nicht mit dem Plan befaßte Personen eine rasche Orientierung im Netzplan ermöglicht.

4.5 Der Problemkreis "Ereignis"

Wie der Vorgang ist auch das Ereignis ein zentraler Begriff in der Netzplantechnik. Es ist das Eintreten eines definierten Zustandes im Bauablauf, also etwas Plötzliches ohne einen Zeitverbrauch. Man kann zwar jeden Ablauf als eine Aneinanderreihung solcher definierten Zustände (Ereignisse) verstehen; aber eigentlich interessieren den AG wie den AN ausschließlich die Termine sowie deren Erfüllung.

Aber letztlich führt es zum gleichen Planungsresultat, ob man den Zeitverbrauch (die Vorgänge) oder die Erfüllung von Terminen (die Ereignisse) zum Planungszweck erhebt. Denn zwischen den verschiedenen Terminen liegen bestimmte Zeitabstände zur Durchführung der Vorgänge und umgekehrt beginnt und endet jeder Vorgang mit einem Ereignis.

Man kommt bei der Bauvorbereitung und -abwicklung nicht umhin, sich mit dem Zeitverbrauch eingehend zu beschäftigen, so daß wohl der auf dem Vorgang beruhende Netzplan zweckmäßiger ist. Sobald aber Meilensteine (= Ereignisse mit besonderer Bedeutung) berücksichtigt werden sollen, ist der Übergang auf eine ereignisorientierte Betrachtung des Ablaufes erforderlich. Ein Meilensteinplan ist die Sammlung aller Meilensteine (als Netzplan oder als Liste), der zur Terminkontrolle besonders gute Dienste leisten kann.

Außer der Tatsache, daß Ereignisse keine Zeit verbrauchen und plötzlich eintreten, ist weiter von Bedeutung, daß sie die Vorgänge miteinander *verknüpfen*. Außer dem Startereignis (ohne Vorereignis) und dem Zielereignis (ohne Nachereignis) hat jedes andere Ereignis in einem Netzplan die *Doppelfunktion*, daß es den Abschluß aller dort endenden Vorgänge sowie den Anfang aller dort beginnenden Vorgänge darstellt. Diese Doppelfunktion kann in einer ereignisorientierten Betrachtung ggf. auch auf zwei Ereignisse verteilt werden.

4.6 Die Logik des Netzplans und seine Darstellung als VKN und VPN

Die *Vorgänge* eines Netzplanes sind der eigentliche Gegenstand der Planung im Bauwesen und die Ereignisse (= Termine) sind abgeleitete Größen. Daher bleibt der Typ des Ereignisknoten-Netzplans (EKN) hier außer Betracht. Dagegen wird der Typ des Vorgangs*knoten*- und Vorgangs*pfeil*netzplans eingehend vorgestellt.

4.6.1 Die Symbole der Darstellung

Im Netzplan sind die Vorgänge sowie deren Abhängigkeit bzw. Reihenfolge darzustellen. Die Darstellungsmittel werden für beide Netzplantypen in Bild 4.3 definiert:

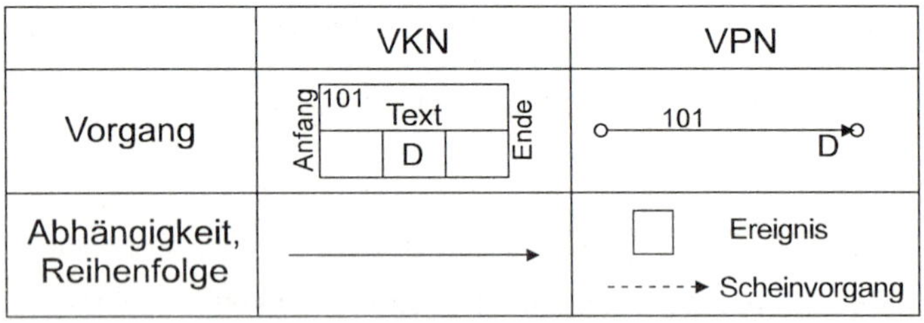

Bild 4.3 Symbole für die Gestaltung von Netzplänen.

Ein völlig neuer und auch zunächst einmal artfremder Begriff ist der des "Scheinvorgangs". In der DIN 69 900 erscheint er als letzter Begriff der Anordnungsbeziehungen (= Sonderfall mit Zeitabstand 0 in Vorgangspfeilnetzen). Tatsächlich wird dieser Scheinvorgang zur Differenzierung der Abhängigkeiten zwingend benötigt. Die konsequenteste Einführung dieser Scheinvorgänge ist, sie jeweils für eine und nur eine Abhängigkeit im Netzplan zu benutzen. Die Vielzahl der dann im Pfeilnetzplan entstehenden Scheinvorgänge kann aber auf die unbedingt erforderliche Mindestanzahl reduziert werden, ohne daß Fehler entstehen.

Fassen wir die Erkenntnisse über Scheinvorgänge zusammen:

- Ihre Dauer ist Null nach Voraussetzung (daher wird eine besondere Darstellung gewählt).
- Scheinvorgänge können möglicherweise überflüssig sein und durch Ereignisse ersetzt werden.
- Abhängigkeiten von Scheinvorgängen untereinander sind unzulässig (ob gewollt oder ungewollt), weil dadurch Fehler entstehen können.

4.6.2 Einfache Aussagemöglichkeiten mit Vorgängen und Ereignissen

Aufbauend auf den Symbolen von Bild 4.3 können mit 2 bis 5 Vorgängen die in Bild 4.4 genannten Aussagen und Abhängigkeiten gefunden werden. Nicht die Anzahl der Vorgänge ist wirklich entscheidend für die Richtigkeit einer Ablaufplanung, sondern die Erfassung ihrer tatsächlich (real) existierenden Abhängigkeiten. Überflüssige Abhängigkeiten können zu verlängerten Abläufen führen. In der Planung weggelassene Abhängigkeiten können später in der Realität doch wirksam und den Bauablauf verzögern.

Die Netzplanaufstellung ist gleichbedeutend mit der Erarbeitung der (einer) logisch richtigen Reihenfolge der Vorgänge. Dies ist letztendlich durch konsequentes Beantworten von vier Fragen für alle Vorgänge eines Netzplanes möglich:

1. Welcher Vorgang geht dem betrachteten unmittelbar voraus (technologische Bedingung)?

2. Welche zusätzlichen Voraussetzungen sind für die Durchführung des Vorganges nötig (kapazitive Bedingung)?

3. Welcher Vorgang folgt dem betrachten unmittelbar nach?

4. Welche Vorgänge können gleichzeitig ausgeführt werden?

Beachte:

Je mehr Arbeiten *gleichzeitig* geplant werden, desto kürzer wird die Projektzeit. Für Probleme, wo alle Vorgänge nacheinander ablaufen müssen, ist eine Netzplanaufstellung sinnlos, weil die Gesamtdauer durch Addition aller Teilzeiten gegeben ist.

Fall	VKN	VPN	Aussage
1		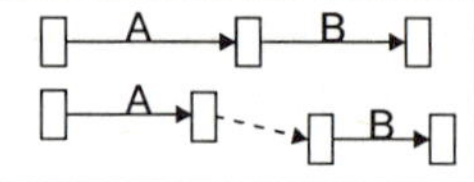	A vor B (bzw. B folgt unmittelbar auf A)
2	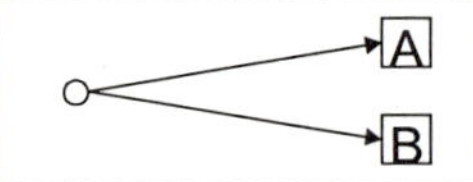	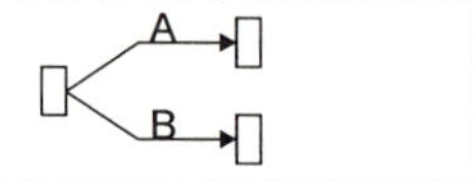	A und B gleichzeitig, gemeinsamer Anfang
3	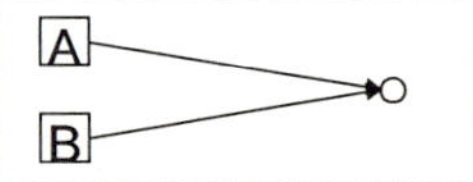	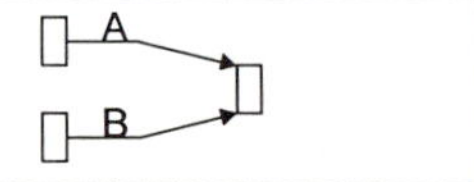	A und B gleichzeitig, gemeinsames Ende
4	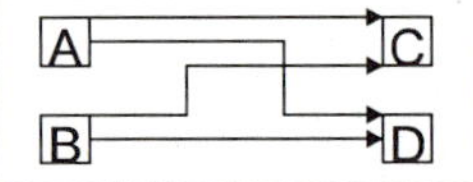	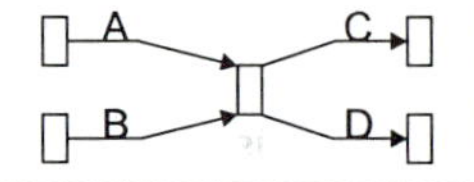	A und B gleichzeitig, der Abschluß beider Vorgänge ist Voraussetzung für C und D.
5	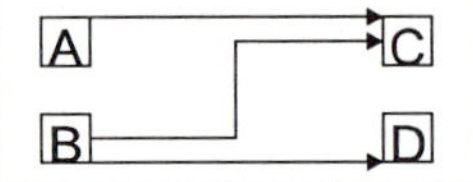	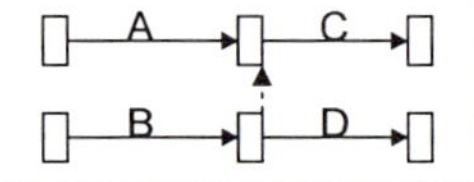	A und B gleichzeitig, der Abschluß von A und B ist Voraussetzung für C, der Abschluß von B für D.
6	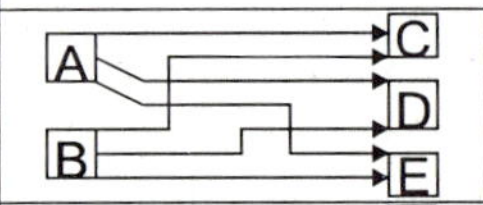	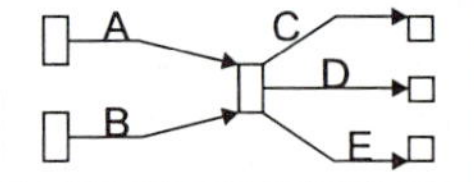	A und B gleichzeitig, der Abschluß beider Vorgänge ist Voraussetzung für C, D und E.
7	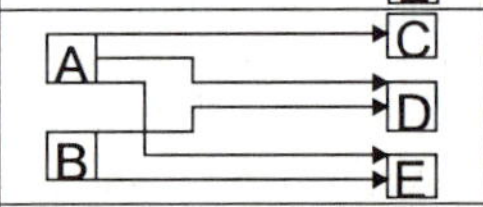	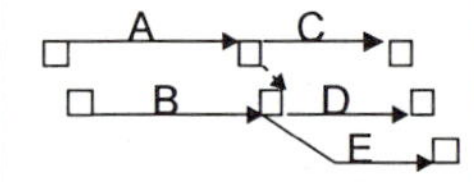	A und B gleichzeitig, der Abschluß von A ist Voraussetzung für C, D und E, der Abschluß von B für D und E.
8	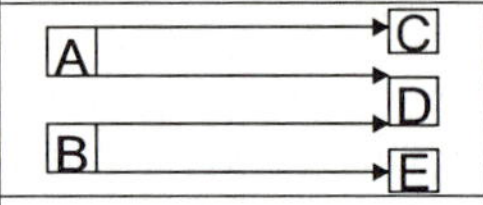	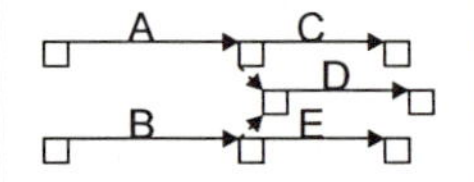	A und B gleichzeitig, der Abschluß von A ist Voraussetzung für C und D, der Abschluß von B für D und E
9	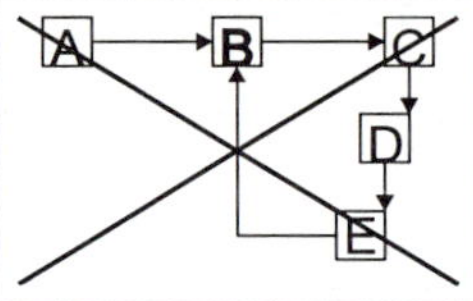	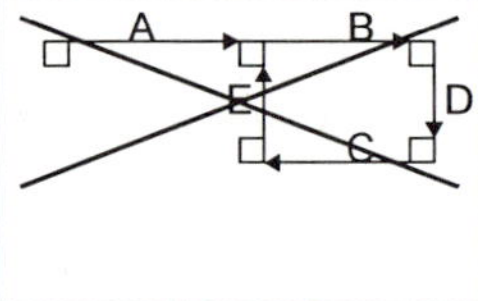	Schleife (nicht erlaubt !)

Bild 4.4 Grundaussagen in Vorgangsknoten- und Vorgangspfeildarstellung

4.6.3 Die Unterscheidung von technologischen und kapazitiven Abhängigkeiten

Bei der Aufstellung von Netzplänen und für deren Verständnis ist es hilfreich, nach der Ursache für das Zustandekommen einer Abhängigkeit zu unterscheiden in:

- technologische bzw.
- kapazitive Abhängigkeiten.

Technologische Abhängigkeiten sind solche, die durch die Arbeitstechnik (Bauweise) zwingend vorgeschrieben sind, und kapazitive Abhängigkeiten sind diejenigen, die auf Grund begrenzter Ressourcen durch eine Hintereinanderreihung von möglicherweise zu erledigenden Vorgängen entstehen. Die zweite Art von Abhängigkeiten kann stets durch die Bereitstellung weiterer Betriebsmittel beseitigt werden. Es können allerdings auch Abhängigkeiten auftreten, die beide Bedeutungen haben.

Daraus ist indirekt auch einiges über die Netzplanaufstellung zu folgern: Das Grundgerüst bildet der Netzplan, der alle technologischen Abhängigkeiten enthält (sog. technologischer Netzplan). In diesen werden in einem zweiten Schritt die mindestens erforderlichen kapazitiven Abhängigkeiten hineinkonstruiert. Folglich gibt der technologische Netzplan die kürzeste erreichbare Projektdauer an, wenn beliebig viele Betriebsmittel bereitstehen.

4.6.4 Die Dokumentation der Netzplanstruktur

Ebenso wie die Vorgänge (s. 4.4.3) müssen auch die Abhängigkeiten festgehalten werden. Dies geschieht einmal zeichnerisch im Netzplan und parallel dazu durch die Erweiterung der Vorgangsliste um eine Spalte für die Aufzählung der *un*mittelbaren Vorgänger (hier "Vorlieger" genannt). Es handelt sich um eine (endliche) Menge von Vorliegern, die bei Startvorgängen leer ist. Wird diese Menge für jeden Vorgang konsequent festgehalten, so ist die gesamte Netzplanstruktur erschöpfend dokumentiert, d.h. der Netzplan kann nach diesen Angaben konstruiert werden.

Anstelle der Vorlieger können auch die unmittelbaren Nachfolger von jedem Vorgang aufgelistet werden (die sog. "Nachlieger"). Auch daraus ist der Netzplan konstruierbar. Jedes der beiden Systeme enthält das andere, d.h. eines von beiden genügt für die Darstellung der Netzplanstruktur. Es gilt das mathematische Gesetz

$$i \in V_j \Leftrightarrow j \in N_i$$

Diese Symbole sowie der Sinn dieses Satzes werden im Abschnitt 4.7.2 ausführlich behandelt.

Aufgabe: In der nachfolgenden Vorgangsliste sind die Nachlieger an Hand der Vorlieger zu ergänzen:

Tab. 4.1 Suche zu einer gegebenen Vorliegerliste die Nachliegerstruktur.

Vorgang Nr.	Vorlieger	Nachlieger
101	---	
102	101	
103	102	
201	---	
202	101,201	
203	102,202	
301	---	
302	301	
303	201,302	
304	202,303	
305	304	

4.7 Die Regeln zur Netzplanberechnung

4.7.1 Die empirische Netzplanberechnung

Die Berechnung eines Netzplanes kann rein empirisch durchgeführt werden: Alle *Start*vorgänge können zu einem festgelegten Zeitpunkt, normalerweise zum Zeitpunkt 0, anfangen. Man träg deshalb bei *allen* Startvorgängen den fruhesten Anfang Null ein, oder einen ganzzahligen höheren Wert.

In einer sogenannten *"Vorwärtsrechnung"* wird für alle Vorgänge der früheste Anfang nach folgender Regel ermittelt:

Die Vorgangsdauern im Pfeilsinn addieren und den Maximalwert aufschreiben.

Die Vorwärtsrechnung liefert als erstes Rechenergebnis die Projektdauer (Bauzeit). Es ist dies die Zeitsumme des zeitlich längsten Weges durch den Netzplan. Außerdem wissen wir von allen Vorgängen ihre früheste zeitliche Lage: Das ist ihr frühester zeitlicher Anfang plus ihre Dauer.

Anschließend erhalten alle Zielvorgänge ohne Nachfolger die Größe der bei der Vorwärtsrechnung gefundenen Projektdauer als spätest erlaubtes Ende. Man trägt diesen Wert bei allen Zielvorgängen im Netzplan ein. Die sogenannte Rückwärtsrechnung dient dazu, die späteste zeitliche Lage der Vorgänge zu bestimmen, die nicht zu einer Überschreitung der Projektdauer führen kann. Wir finden für diese Rückwärtsrechnung folgende verbale Regel:

Die Vorgangsdauern gegen dem Pfeilsinn subtrahieren und den Minimalwert eintragen.

Alle Vorgänge, deren früheste und späteste zeitliche Lage gleich ist, dürfen nicht verschoben werden. Sie bilden den *kritischen Weg,* der sich vom Anfang bis zum Ende durch den Netzplan zieht und beliebige Verzweigungen aufweisen kann. Alle nicht kritischen Vorgänge haben Pufferzeit von mindestens 1 ZE. Der kritische Weg wird durch Farbe oder dickere Striche im Netzplan markiert.

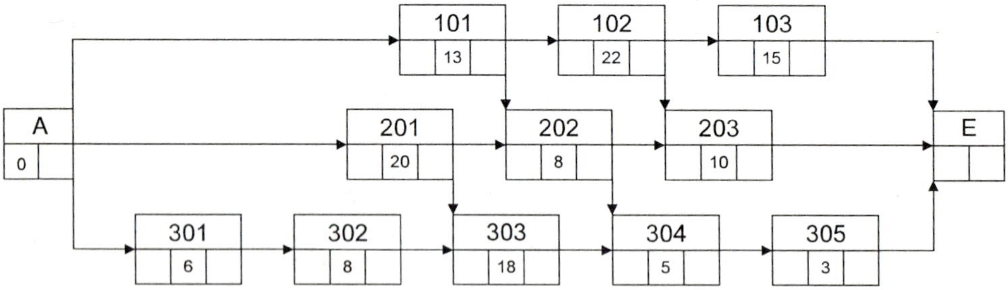

Bild 4.5 Netzplan als Beispiel für die (empirische) Netzplanberechnung.

Die Berechnung ist am nachstehenden Netzplan vom Typ VKN durchzuführen. In jedem Vorgangsknoten sind die beiden unteren Eckfelder für die Eintragung der Werte frei. In der linken Ecke hält man einheitlich den frühesten Anfang (FA) und rechts den spätesten Anfang (SA) fest.

4.7.2 Die algorithmische Netzplanberechnung

Jeder Rechengang mit eindeutigem Ergebnis kann formelmäßig beschrieben werden. Dies gilt auch für die unter 4.7.1 erläuterte Netzplanberechnung. Allerdings müssen dafür einige besondere Abkürzungen und Zeichen eingeführt werden:

FA Frühester Anfang
FE Frühestes Ende
SA Spätester Anfang
SE Spätestes Ende
D Dauer eines Vorganges
PD Projektdauer

Wenn es sich bei diesen Größen um den ausgewählten Vorgang Nr. j handelt, erhalten diese Symbole den Index j. Ferner sei

V_j Vorliegermenge des Vorgangs j und
N_j Nachliegermenge des Vorgangs j.

Ferner sei i ein / der Vorlieger von j und k ein / der Nachlieger von j.

Daß es sich bei den Vorliegern bzw. Nachliegern um endliche Mengen handeln muß, geht aus den Erläuterungen von Abschnitt 4.6.4 klar hervor.

Die *Vorwärtsrechnung* beginnt damit, daß für alle Startvorgänge mit $V_j = 0$ der früheste Anfang $FA_j = 0$ (oder eine andere positive ganze Zahl) zugewiesen wird. Die weitere Vorwärtsrechnung läuft unter abwechselnder Benutzung der Grundgleichungen (4.1) und (4.2) ab:

$$FA_j = \max_{i \in V_j} FE_i \qquad (4.1)$$

$$FE_j = FA_j + D_j \qquad (4.2).$$

Dabei kann jeder Vorgang j natürlich erst berechnet werden, wenn zuvor *alle* seine Vorlieger $i \in V_j$ berechnet worden sind.

Die Projektdauer beträgt:

$$PD = \max FE_i, \quad i = 1, \ldots, n \qquad (4.3)$$

Ist die Vorwärtsrechnung ausgeführt, kann ganz analog die *Rückwärtsrechnung* ablaufen. Dazu müssen die ansonsten nicht benötigten Nachliegermengen gebildet werden nach dem Prinzip

$$i \in V_j \quad \Leftrightarrow \quad j \in N_i \qquad (4.4).$$

Für die Rückwärtsrechnung gilt entsprechend Gleichung (4.5) und (4.6) bzw. unter Verwirklichung der Gedanken der empirischen Rückwärtsrechnung von Abschnitt 4.7.1:

$$SE_j = \min_{k \in N_j} SA_k \qquad (4.5)$$

$$SA_j = SE_j - D_j \qquad (4.6)$$

Natürlich muß für alle Vorgänge ohne Nachlieger eine Sonderregelung getroffen werden: Bei ihnen gilt $N_j = \emptyset$ und es wird einheitlich gesetzt:

$$SE_j = PD \qquad (4.7)$$

Die einzige Plausibilitätskontrolle nach Abschluß der Rückwärtsrechnung besteht darin, daß mindestens ein Vorgang mit $SA_j = 0$ existieren muß oder ggf. mit SA_j = konst.

Die Rechnung wird für den Netzplan von Bild 4.4 nach den Vorschriften (4.1) bis (4.6) vollzogen. Man beachte, daß sich infolge der Ganzzahligkeit der Vorgangsdauern stets wieder ganzzahlige Werte ergeben müssen. Sollten durch irgendwelche Netzplanalgorithmen Dezimalzahlen entstehen, müssen diese auch in einer solchen Vor- und Rückwärtsrechnung auftreten, obwohl das für die *Prognose* von Baustellenterminen keinen Sinn ergibt.

Tab. 4.2 Algorithmische Berechnung des Netzplanes von Bild 4.5 (mit allen Rechenschritten).

				Vorwärtsrechnung		Rückwärtsrechnung	
j	D_j	V_j	N_j	$\max_{j \in V_j} FE_j = FA_j$	$FA_j + D_j = FE_j$	$SE_j - D_j = SA_j$	$\min_{k \in N_j} SA_k = SE_j$
101	13	---	102,202	0	0 + 13 = 13	13 - 13 = 0	min (13,32) = 13
102	22	101	103,203	13	13 + 22 = 35	35 - 22 = 13	min (35,40) = 35
103	15	102	---	35	35 + 15 = 50	50 - 15 = 35	50
201	20	---	202,303	0	0 + 20 = 20	24 - 20 = 4	min (32,24) = 24
202	8	101,201	203,304	max (13,20) = 20	20 + 8 = 28	40 - 8 = 32	min (40,42) = 40
203	10	102,202	---	max (35,28) = 35	35 + 10 = 45	50 - 10 = 40	50
301	6	---	302	0	0 + 6 = 6	16 - 6 = 10	16
302	8	301	303	6	6 + 8 = 14	24 - 8 = 16	24
303	18	201,302	304	max (20,14) = 20	20 + 18 = 38	42 - 18 = 24	42
304	5	202,303	305	max (28,38) = 38	38 + 5 = 43	47 - 5 = 42	47
305	3	304	---	43	43 + 3 = 46	50 - 3 = 47	50

4.7.3 Die Dokumentation der Netzplanberechnung

Wie zuvor alle anderen Netzplandaten müssen auch die Daten der Berechnung gesammelt werden, zumal es sich dabei um das eigentliche Planungsergebnis handelt, gleichgültig, ob eine empirische Netzplanberechnung nach 4.7.1 oder eine algorithmische gemäß 4.7.2 durchgeführt wurde. Die Vorgangsliste wird um vier Spalten für FA, FE, SA und SE erweitert.

Entweder man überträgt die Werte von FA_j bzw. SA_j aus dem Netzplan und ergänzt die beiden fehlenden Spalten durch Addition der Vorgangsdauern D_j oder man hat das Ergebnis aufgrund einer algorithmischen Berechnung bereits vollständig zur Verfügung.

Diese Vorgangsliste, die einen hohen praktischen Nutzwert besitzt, hat für das vorliegende Berechnungsbeispiel folgende Gestalt:

Tab. 4.3 Muster für eine Vorgangsliste zum praktischen Einsatz für Bauzeitplanung und -kontrolle.

j	Text	D_j	V_j	FA_j	FE_j	SA_j	SE_j
101		13	---	0	13	0	13
102		22	101	13	35	13	35
103		15	102	35	50	35	50
201		20	---	0	20	4	24
202		8	101,201	20	28	32	40
203		10	102,202	35	45	40	50
301		6	---	0	6	10	16
302		8	301	6	14	16	24
303		18	201,302	20	38	24	42
304		5	202,303	38	43	42	47
305		3	304	43	46	47	50

Diese Vorgangslisten sind unabhängig von der gewählten Darstellungsform für VKN und VPN gleichermaßen gültig.
Leider genügt diese Information zumeist nicht, weil die Projekte nach Kalenderdaten ablaufen müssen. Die Projekttage lassen sich jedoch unschwer in Kalenderdaten umschreiben . Hierbei ist zu berücksichtigen, daß jeder Vorgang am Abend endet und der Folgevorgang zwar am gleichen Abend anfangen könnte, de facto aber erst am nachfolgenden Morgen beginnt. Wir erhöhen also alle Anfänge um 1 und erhalten richtige Datumszuweisungen (Die Werte für FE und SE bleiben unverändert)

Gesetztenfalls, unser Projekt beginnt am Tage nach Ostern 1996, also am 09. April 96. So liegt der Projektstart oder früheste Anfang selbstverständlich am Morgen dieses Tages, der selbst voll mitzählt. Ein Vorgang mit der Dauer 1 erhält also in der Spalte FA und FE bzw. SA und SE das gleiche Datum, da er am Morgen beginnt und am Abend fertig sein soll.

Unter Berücksichtigung aller Wochenend- und Feiertage könnte die Kalenderliste für unser Projektbeispiel folgendermaßen aussehen:

Tab. 4.4 Beispiel für eine Kalenderliste

Projekttag	Kalenderdatum	Projekttag	Kalenderdatum	Projekttag	Kalenderdatum
1	09. APR 96	17	02. MAI 96	37	03. JUN 96
2	10. APR 96	18	03. MAI 96	38	04. JUN 96
3	11. APR 96	19	06. MAI 96	39	05. JUN 96
4	12. APR 96	20	07. MAI 96	40	07. JUN 96
5	15. APR 96	21	08. MAI 96	41	10. JUN 96
6	16. APR 96	22	09. MAI 96	42	11. JUN 96
7	17. APR 96	23	10. MAI 96	43	12. JUN 96
8	18. APR 96	24	13. MAI 96	44	13. JUN 96
9	19. APR 96	25	14. MAI 96	45	14. JUN 96
10	22. APR 96	26	15. MAI 96	46	17. JUN 96
11	23. APR 96	27	17. MAI 96	47	18. JUN 96
12	24. APR 96	28	20. MAI 96	48	19. JUN 96
13	25. APR 96	29	21. MAI 96	49	20. JUN 96
14	26. APR 96	30	22. MAI 96	50	21. JUN 96
15	29. APR 96	31	23. MAI 96		
16	30. APR 96	32	24. MAI 96		
		33	28. MAI 96		
		34	29. MAI 96		
		35	30. MAI 96		
		36	31. MAI 96		

Die Datumsangaben sind für die Projektbeteiligten in der Regel besser verständlich und leichter zu handhaben. Auch gemischte Angaben, d.h. beispielsweise FA und FE in Kalenderdaten und SA/SE in Projekttagen, können nützlich sein. Die Liste von Tab. 4.3 könnte somit beispielsweise folgende Angaben enthalten:

Tab. 4.5 Hauptliste einer EDV-Berechnung des Testnetzplanes mit Kalenderdaten für FA und SA.

VORGANG			VORLIEGER			TERMINE	
Nr.	Beschreibung	Dauer [AT]	1	2	3	Früh. Anf.	Spät. Anf.
101	/	13	---	---	---	09. APR 96	09. APR 96
102	//	22	101	---	---	26. APR 96	26. APR 96
103	///	15	102	---	---	31. MAI 96	15. MAI 96
201	////	20	---	---	---	09. APR 96	15. APR 96
202	/////	8	101	201	---	08. MAI 96	28. MAI 96
203	//////	10	102	202	---	15. MAI 96	10. JUN 96
301	///////	6	---	---	---	09. APR 96	23. APR 96
302	////////	8	301	---	---	17. APR 96	02. MAI 96
303	/////////	18	201	302	---	08. MAI 96	14. MAI 96
304	///////////	5	202	303	---	05. JUN 96	12. JUN 96
305	///////////	3	304	---	---	13. JUN 96	19. JUN 96

Die Bauzeit beträgt : 50 Tage
Anzahl der Vorlieger: 12
Anzahl der Vorgänge: 11

Die Liste wird jeweils auf den Informationsbedarf des Anwenders zugeschnitten. Unterschiedliche Stellen können verschiedene Listen bekommen, je nach Gestaltung dieses Projektinformationssystems.

4.8 Die Berechnung und Nutzung von Pufferzeiten

4.8.1 Einführung in die Problematik

Je weiter die Netzplantechnik Verbreitung findet, desto mehr gewinnt die Netzplanoptimierung an Bedeutung, um einen Produktionsablauf, für den ein Netzplan aufgestellt wurde, nach bestimmten Gesichtspunkten weiter zu verbessern bzw. zu optimieren.

Hierbei hat die Nutzung der Pufferzeiten eines Netzplanes oder in den Netzplänen mehrerer gleichzeitiger Bauprojekte entscheidende Bedeutung. Daher ist es wichtig, Klarheit über die Definition und Berechnung der Pufferzeiten zu gewinnen, um anschließend über diese Größen richtig verfügen zu können.

4.8.2 Definition und Berechnung von Pufferzeiten

Wenn ein beliebiger Vorgang j mitten aus einem Netzplan betrachtet wird, kann sich für diesen eine unterschiedliche Pufferzeit ergeben, je nachdem ob seine Vorlieger in frühester oder spätester zeitlicher Lage ausgeführt werden sollen. Durch Kombination daraus ergeben sich insgesamt vier Pufferzeiten, die allein durch die zeitliche Lage von Vor- und Nachliegern wie folgt definiert sind:

Vorlieger in	Nachlieger in	Bezeichnung	Abkzg.
frühester Lage	spätester Lage	Gesamte Pufferzeit	GP
frühester Lage	frühester Lage	Freie Pufferzeit	FP
spätester Lage	spätester Lage	Rückwärtspufferzeit	RP
spätester Lage	frühester Lage	Unabhängige Pufferzeit	UP

Bevor eine Berechnung der Pufferzeiten erfolgt, soll ihre Größe abgeschätzt werden: Wenn der Vorlieger eines Vorganges in frühester Lage ausgeführt wird, rückt er zeitlich von dem betrachteten Vorgang weg: wenn gleichzeitig der Nachlieger in spätester zeitlicher Lage ausgeführt wird, rückt er ebenfalls vom betrachteten Vorgang weg, so daß für diesen der Maximalwert an Pufferzeit zur Verfügung steht, der überhaupt unter Einhaltung der Projektdauer frei gemacht werden kann. Die gesamte Pufferzeit ist also die *maximale* Pufferzeit GP.

Wird dagegen der Vorlieger eines Vorganges in spätester Lage und der Nachfolger in frühester Lage ausgeführt, so tritt das Gegenteil ein, es entsteht der kleinste mögliche Pufferzeitwert (Schlupf), die unabhängige Pufferzeit UP. Ergibt sich hierbei eine negative Zahl, so schließt die späteste Lage der Vorlieger die früheste Lage der Nachlieger aus, d.h. es ist dann keine unabhängige Pufferzeit UP vorhanden.

Die Größe der freien Pufferzeit FP, die eigentlich Vorwärtspufferzeit heißen müßte, und die Größe der Rückwärtspufferzeit müssen entsprechend ihrer Definition zwischen dem Maximalwert GP und dem Minimalwert UP des betrachteten Vorgangs liegen, d.h.

$$GP_j \geq FP_j \text{ bzw. } RP_j \geq UP_j$$

Hat ein Vorgang mehrere Vor- und Nachlieger, so ist für die Pufferzeitberechnung des dazwischen liegenden Vorgangs j jeweils der kleinste Wert von FA oder SA der Nachlieger zur Berechnung heranzuziehen. Davon ist der größte Wert von FE oder SE der Vorlieger abzuziehen sowie die für den Vorgang erforderliche Dauer D_j.

$$GP_j = \min_{k \in N_j} SA_k - \max_{i \in V_j} FE_i - D_j \qquad (4.7)$$

$$FP_j = \min_{k \in N_j} FA_k - \max_{j \in V_j} FE_i - D_j \qquad (4.8)$$

$$RP_j = \min_{k \in N_j} SA_k - \max_{i \in V_j} SE_i - D_j \qquad (4.9)$$

$$UP_j = \min_{k \in N_j} FA_k - \max_{i \in V_j} SE_i - D_j \text{ (oder 0)} \qquad (4.10)$$

Bild 4.6 verdeutlicht auf graphische Weise die Pufferzeitdefinition sowie die Berechnungsvorschriften der Pufferzeiten nach Gl. (4.7) bis (4.10).

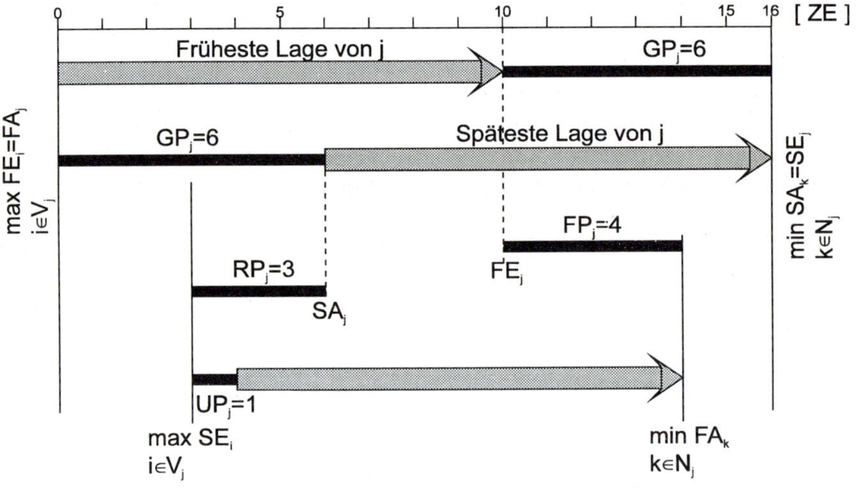

Bild 4.6 Darstellung der Pufferzeiten für den ausgewählten Vorgang j (mit Vor- und Nachliegern)

Da bei der Netzplanberechnung bereits einige dieser Größen ermittelt werden mußten, lassen sich die Formeln (4.7) bis (4.10) noch etwas vereinfachen. Durch Einsetzen von (4.1) in (4.2) und von (4.4) in (4.5) ergibt sich zunächst:

$$\max_{i \in V_j} FE_i = FE_j - D_j \qquad (4.11)$$

$$\min_{k \in N_j} SA_k = SA_j + D_j \qquad (4.12)$$

Durch Einsetzen von (4.1) und (4.10) in (4.5) ergibt sich

$$GP_j = SA_j - FA_j \tag{4.13a}$$

oder von (4.4) und (4.11) in (4.7) ergibt sich eine zweite gleichwertige Beziehung

$$GP_j = SE_j - FE_j \tag{4.13b}$$

Während bei der Berechnung der Gesamtpufferzeit nur Zeitwerte aus der Netzberechnung verwendet werden müssen, lassen sich für FP_j durch Einsetzen von (4.11) in (4.8) und für RP_j durch (4.12) in (4.9) nur Teilvereinfachungen erzielen:

$$FP_j = \min_{k \in N_j} FA_k - FE_j \tag{4.14}$$

$$RP_j = SA_j - \max_{i \in V_j} SE_i \tag{4.15}$$

Die Größen FP und RP sind somit nur unter Erfüllung einer weiteren Minimierungs- oder Maximierungsvorschrift bei gleichzeitiger Verwendung eines Wertes aus der Netzberechnung zu bilden. Die gleichen Minimierungs- und Maximierungsvorschriften enthält Gl (4.10), so daß sich bei Einsetzen von (4.14) und (4.15) in (4.10) ergibt:

$$UP_j = FP_j + FE_j + RP_j - SA_j - D_j \text{ (oder 0)} \tag{4.16}$$

Durch weiteres Einsetzen von (4.2) und (4.13a) ergibt sich

$$UP_j = FP_j + RP_j - GP_j \text{ (oder 0)} \tag{4.17}$$

Die letzte Formel zur Berechnung von UP ist am einfachsten zu handhaben, da sie nur Größen der Pufferzeitberechnung enthält, die zuvor berechnet werden.

Die vier Pufferzeiten für den Vorgang j von Bild 4.6 können zahlenmäßig bestimmt werden in Größe der dort abgebildeten Balken unter der Voraussetzung:

$$FA_j = 0, \quad SA_j = 6, \quad FE_j = 10, \quad SE_j = 16,$$

$$\max_{i \in V_j} SE_i = 3, \quad \min_{k \in N_j} FA_k = 14 \quad \text{und} \quad D_j = 10.$$

Dabei ergibt sich GP_j in der ersten Zeile der Gl. (4.13b) und in der zweiten Zeile nach (4.13a). FP_j in der dritten Zeile ist die Zeitdifferenz, die verbleibt, wenn der Vorgang j in frühester Lage und seine Nachlieger ebenfalls ausgeführt werden. RP_j in der vierten Zeile ist definitionsgemäß die Zeitreserve, die für Vorgang j verbleibt, wenn er in spätester Lage ausgeführt wird und seine Vorlieger auch. UP_j in der letzten Zeile ist hier größer als Null, d.h. wenn die Vorlieger von j in spätester Lage ausgeführt werden, steht eine Zeiteinheit mehr für j zur Verfügung als der Dauer entspricht.

Nach der Anwendung der Pufferzeitberechnung auf einen einzelnen Vorgang, sollen die Pufferzeiten für die Vorgänge eines ganzen Netzplans berechnet werden. Dies erfolgt analog mit den bereits bekannten Formeln (4.13a), (4.14), (4.15) und (4.17). Als Anwendungsfall dient die gleiche Netzplanstruktur mit 11 Vorgängen mit den gleichen Zeitgrößen wie zuvor (s. Bild 4.5 und Tab. 4.1) Außerdem kann die bereits durchgeführte Vorwärts- und Rückwärtsrechnung (s. Tab. 4.2 und 4.3).hier weiter verwendet werden.

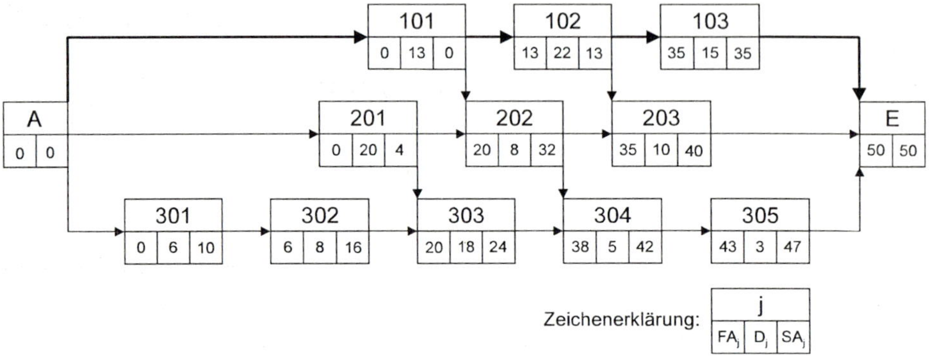

Bild 4.7 Gegebener Netzplan und Netzplanberechnung

Die Tab. 4.6 zeigt im Kopf die Rechenvorschriften, darunter die gesamte Zahlenauswertung (ähnlich wie in Tab. 4.2). Im praktischen Anwendungsfall würde aber nur das Ergebnis der Berechnung in der Tabelle erscheinen.

Tab. 4.6 Tabellarische Pufferzeitberechnung

j	D_j	V_j	N_j	FA_j	FE_j	SA_j	SE_j	$GP_j = SA_j - FA_j$	$FP_j = \min_{k \in N_j} FA_k - FE_j$	$RP_j = SA_j - \max_{i \in V_j} SE_i$	$UP_j = FP_j + RP_j - GP_j$
101	13	---	102,202	0	13	0	13	0- 0 = 0	kritisch, daher keine Berechnung		
102	22	101	103,203	13	35	13	35	13-13 = 0	"		
103	15	102	---	35	50	35	50	35-35 = 0	"		
201	20	---	202,303	0	20	4	24	4- 0 = 4	min(20,20)-20 = 0	4- 0 = 4	0+ 4- 4 = 0
202	8	101,201	203,304	20	28	32	40	32-20 = 12	min(35-38)-28 = 7	32-max(13,24) = 8	7+ 8-12 = 3
203	10	102,202	---	35	45	40	50	40-35 = 5	50-45 = 5	40-max(35,40) = 0	5+ 0- 5 = 0
301	6	---	302	0	6	10	16	10- 0 = 10	6- 6 = 0	10- 0 = 10	0+10-10 = 0
302	8	301	303	6	14	16	24	16- 6 = 10	20-14 = 6	16-16 = 0	6+ 0-10 = (-4) 0
303	18	201,302	304	20	38	24	42	24-20 = 4	38-38 = 0	24-max(24,24) = 0	0+ 0- 4 = (-4) 0
304	5	202,303	305	38	43	42	47	42-38 = 4	43-43 = 0	42-max(40,42) = 0	0+ 0- 4 = (-4) 0
305	3	304	---	43	46	47	50	47-43 = 4	50-46 = 4	47-47 = 0	4+ 0- 4 = 0

Bild 4.8 zeigt das Resultat der Pufferzeitberechnung in grafischer Darstellung, wobei die früheste *und* späteste zeitliche Lage für alle Vorgänge gezeichnet wurde (im praktischen Anwendungsfall würden aber die Zahlen von Tab. 4.6 genügen). Diese Figur zeigt recht deutlich, daß die grafische Verarbeitung *aller* Informationen der Netzplan- und der Pufferzeitberechnung ein mühseliges Unterfangen ohne praktischen Nutzwert ist.

In der Praxis genügt es, nur einen Teil der Informationen und Rechenergebnisse darzustellen und alle weiteren Einzelheiten in Dateien oder Listen bereitzuhalten.

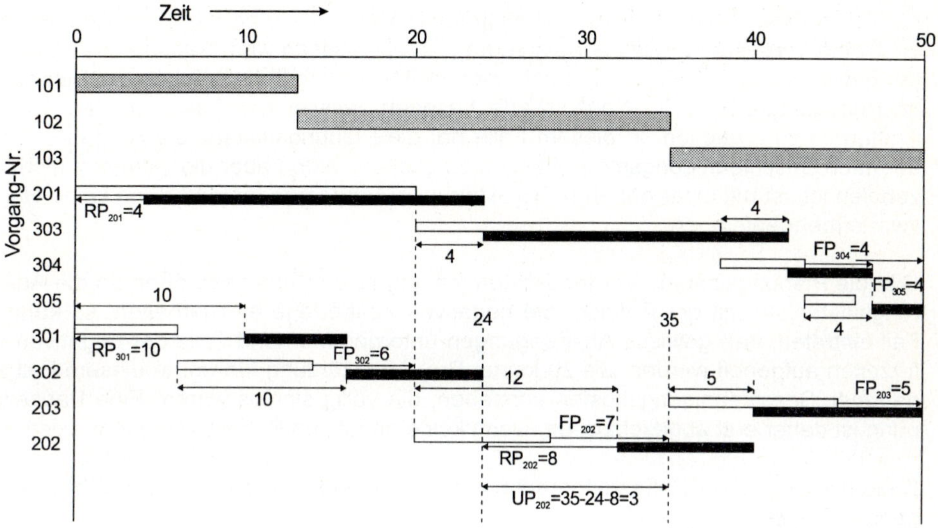

Bild 4.8 Darstellung der Vorgänge des Netzplanes von Bild 4.7 im Zeitmaßstab. Es bedeuten: Schraffierte Balken = kritischer Weg, weiße Balken = früheste zeitliche Lage des Vorgangs, schwarze Balken = späteste zeitliche Lage des Vorgangs, Differenz zwischen frühester und spätester zeitlicher Lage = Gesamtpufferzeit (= Pfeile mit 2 Spitzen).

4.8.3 Die Nutzung von Pufferzeiten

Die Pufferzeit eines Vorganges nutzen heißt:

- den Vorgang in einer längeren Dauer auszuführen,
- ihn in einer späteren zeitlichen Lage als der frühesten Lage auszuführen oder
- ihn zeitweise zu unterbrechen.

Die Nutzung von Pufferzeiten ist deshalb problematisch, weil die Verwendung einer Pufferzeitgröße bei j gewissen Einfluß auf die Pufferzeitnutzung bei anderen Vorgängen haben kann. Da eventuell eine Pufferzeitnutzung bei den anderen Vorgängen größere Vorteile bieten kann als bei Vorgang j, ist es wichtig zu wissen, wie sich die Pufferzeiten gegenseitig beeinflussen.

4.8.4 Negative Pufferzeiten

Ein negativer Wert wurde bei der Berechnung von UP durch die Überlegung ausgeschlossen, daß in diesem Fall die früheste Lage der Nachlieger die späteste Lage der Vorlieger nicht zuläßt. Alle übrigen Pufferzeitgrößen müssen sich stets zu Null ergeben, wenn die Vorwärtsrechnung mit Null und die Rückwärtsrechnung mit einem Wert in Höhe der Projektdauer aus der Vorwärtsrechnung beginnt.

Bei Bauzeitkontrollen kann der Fall eintreten, daß sich eine höhere Projektdauer ergibt als bisher vorgesehen war oder als vertraglich zugelassen wird. Rechnet man dann mit der gewünschten (kleineren) Projektdauer zurück, so ergeben sich automatisch negative Pufferzeitgrößen. Die Negativwerte besagen, wieviel Zeit fehlt, um den richtigen Endtermin zu erreichen. In diesem Falle hat die Planungsinstanz die Aufgabe, entweder nach Beschleunigungsmöglichkeiten zu suchen. Wenn aber die Differenz nicht aufzuholen ist, ist mit einer höheren Projektdauer zu operieren, so daß dann keine Negativwerte mehr entstehen.

Gibt die Planungsinstanz Vorgangslisten mit negativen Pufferzeitgrößen an die Ausführungsinstanzen mit der Auflage, die negativen Zeitbeträge einzuarbeiten, so kann der Fall eintreten, daß gewisse Anstrengungen unternommen und Teile der negativen Pufferzeiten aufgeholt werden, die zu keiner Projektverkürzung führen. In diesem Fall würden evtl. Beschleunigungskosten entstehen, die völlig sinnlos wären. Eine Bauzeitplanung ist daher erst abgeschlossen, wenn keine negativen Pufferzeiten mehr existieren.

Dazu dienen die zur Pufferzeitberechnung verwendeten Definitionen und führen zu folgenden Regeln:

- Die Nutzung von UP_j hat keinen Einfluß auf die zeitliche Lage anderer Vorgänge; die Pufferzeiten aller anderen Vorgänge ändern sich nicht.

- Die Nutzung von FP_j entzieht den vorausgehenden Vorgängen von j Gesamtpufferzeit (und zwar mindestens einem Vorlieger in der Höhe von FP_j) bzw. auch Rückwärtspufferzeit.

Weitere Angaben, wieviele Vorgänge betroffen sind und wieviel ihrer Pufferzeit verloren geht, können nicht allgemein gemacht werden. Dies hängt von der Netzstruktur und den vorhandenen Zeitwerten ab.

- Die Nutzung von RP_j entzieht den nachfolgenden Vorgängen von j Gesamtpufferzeit (und zwar mindestens einem Nachlieger in der Höhe von RP_j) bzw. auch freie Pufferzeit.

Über die Zahl der betroffenen Vorgänge und die Höhe der Pufferzeitverluste kann nichts allgemein ausgesagt werden.

- Die Nutzung von GP_j (bei Vorgängen ohne UP, FP, RP) entzieht den vorausgehenden und nachfolgenden Vorgängen Gesamtpufferzeit (und zwar mindestens einem Vorlieger und einem Nachlieger in der Höhe von GP).

Über das Ausmaß, wie weit sich diese Terminverschiebung nach vorne und hinten auswirken wird, kann keine absolute Aussage gemacht werden.

Hat ein Vorgang mehrere Arten von Pufferzeit, so nimmt man die Nutzung dieser Werte zweckmäßig in folgender Reihenfolge vor:

1. die unabhängige Pufferzeit UP_j bei Vorgang j.
   Danach ist eine Neuberechnung der Pufferzeiten bei j erforderlich.

2. Den Minimalwert von FP_j oder RP_j bei Vorgang j.
   Danach ist eine Neuberechnung von Terminwerten und Pufferzeiten bei j erforderlich.

3. Den Restwert FP_j oder RP_j bei Vorgang j.
   Danach ist eine Neuberechnung von Termin- und Pufferzeiten im betroffenen Teilnetz erforderlich.

4. Die Gesamtpufferzeit GP_j bei Vorgang j.
   Danach ist eine Neuberechnung von Terminwerten und Pufferzeiten im betroffenen Teilnetz erforderlich.

Damit ist sichergestellt, daß keine größere Vorgangsanzahl Pufferzeit verliert als nach den Umständen unumgänglich ist.

4.9 Anordnungsbeziehungen in Netzplänen

4.9.1 Die Notwendigkeit von AOB

Netzpläne bestehen aus der Sicht der Graphentheorie aus Knoten und Kanten (oder inhaltlich aus Vorgängen und Abhängigkeiten). Dabei ist bisher davon ausgegangen worden, daß jeder Vorgang gänzlich abgeschlossen sein muß, bevor nachfolgende Vorgänge beginnen dürfen. Dieser Fall war als *Normalfolge* bezeichnet worden. Er ist zwar der häufigste Fall in Netzplänen, aber nicht der einzige, weil oft auch gewisse Überlappungen vorgesehen werden müssen, die einen früheren Anfang der nachfolgenden Vorgänge zulassen. Die Größe dieser Überlappungen von Vorgängen ist bei der Netzplanaufstellung genau festzulegen.

Um dies zu ermöglichen, bedarf das Netzplan-Grundmodell gewisser Erweiterungen. Man könnte zwar auch die Vorgänge in mehrere Abschnitte unterteilen (Bild 4.10), dies würde aber die Netzpläne stark aufblähen und sich daher verteuernd auswirken. Dies kann durch neue Definitionen (d.h. durch eine Erweiterung des Grundmodells) vermieden werden, führt aber automatisch zu Erschwernissen und Komplikationen bei der Netzplanberechnung.

4.9.2 Die Definition der AOB

Wenn man zwischen dem Anfang und dem Ende von Vorgängen unterscheidet, so existieren zwischen zwei Vorgängen maximal 4 verschiedene AOB, je nach dem, ob eine Aussage vom Typ Ende-Anfang, Anfang-Anfang, Ende-Ende oder Anfang-Ende zu treffen ist. In DIN 69 900 sind hierfür folgende Bezeichnungen und Abkürzungen festgelegt:

Anordnungsbeziehungen zwischen Vorgang 1	Vorgang 2	Bezeichnung nach DIN 69 900	Abkürzung
Ende	Anfang	Normalfolge	NF
Anfang	Anfang	Anfangsfolge	AF
Ende	Ende	Endfolge	EF
Anfang	Ende	Sprungfolge	SF

Diese Definitionen gelten sowohl für VKN als auch für VPN. Zur Veranschaulichung dieser AOB dient die nachstehende Figur:

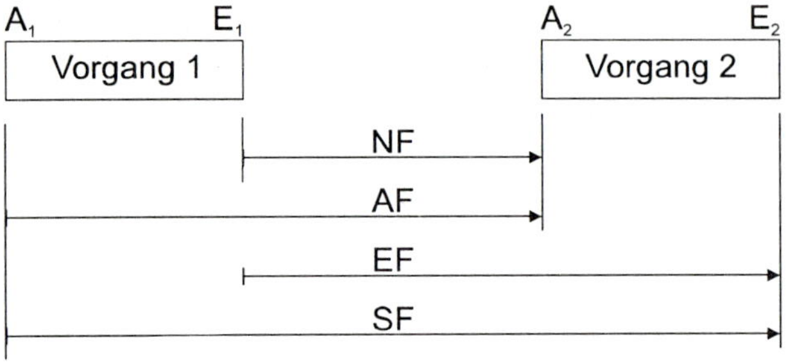

Bild 4.9 Darstellung der möglichen AOB zwischen zwei Vorgängen.

Die Verknüpfungen von Anfang und Ende mehrerer Vorgänge kann die Bedeutung bekommen, daß *mindestens* eine bestimmte Zeit dazwischen liegen soll oder daß *höchstens* eine gewisse Zeit vergehen darf. Wir sprechen von minimalen und maximalen Zeitabständen.

Maximale Zeitabstände, kommen in der Praxis sehr selten vor und sollten in Netzplänen gänzlich ausgeschlossen werden, weil sie zu Widersprüchen bei der Netzplanberechnung führen können. Beispiele dazu finden sich in den einschlägigen Veröffentlichungen (s. [4.9.4], [4.9.5]).

Im folgenden erhalten diese AOB ausschließlich die Bedeutung von *minimalen* Zeitabständen, d.h. die jeweils angegebenen Zeitwerte müssen mindestens zur Verfügung stehen.

Ferner ist es gemäß obiger Abbildung nicht sinnvoll, für Anfangs-, End- oder Sprungfolgen *negative* Zeitgrößen zuzulassen, weil dadurch beispielsweise der Anfang bzw. das Ende des zweiten Vorgangs vor dem ersten liegen würde, so daß eine AF (1-2) in AF (2-1) mit positiven Wert umgewandelt werden kann. Aus derartigen praktischen Überlegungen muß gefordert werden:

$$AF \geq 0$$
$$EF \geq 0$$
$$SF \geq 0.$$

Lediglich bei Typ NF sind negative Zeitgrößen innerhalb gewisser Grenzen zweckmäßig und sinnvoll, wenn der Anfang des zweiten Vorgangs zeitlich ein wenig vor dem Ende des ersten liegen soll (s. Abschnitt 4.9.5).

4.9.3 Die Darstellung von AOB

Die gängigste AOB ist die Normalfolge mit dem Zeitwert 0. Sie bedarf keiner besonderen Hervorhebung, weil sie mit der Darstellung der Abhängigkeiten im VKN durch den Pfeil und im VPN durch Ereignis und/oder Scheinvorgang (= gestrichelter Pfeil) festgelegt ist. Soll diese Normalfolge bewertet sein oder will man eine der anderen drei AOB verwenden, so sind hierfür weitergehende Festlegungen zu treffen.

In VKN kann dies beispielsweise durch Unterscheidung von Anfang und Ende am Vorgangsknoten geschehen (s. Bild 4.9), so daß je nach Verbindungsart jede beliebige AOB darstellbar ist. Die AOB mit Dauern > 0 stellen Zeitabstände dar, die in geeigneter Form erfaßt und berücksichtigt werden müssen.

Daher benötigt man in Anlehnung an die Vorgangsbezeichnung eine geeignete Numerierung. Weiter ist aus visuellen Gründen zu empfehlen, am gezeichneten Pfeil zusätzlich den Typ der AOB und seinen Zeitwert mit Abkürzungen von der Art

9001	NF	=	-3
9150	AF	=	5
9320	EF	=	2

zu vermerken. Hiermit wird auf die Besonderheit der jeweiligen AOB aufmerksam gemacht.

4.9.4 Die Dokumentation der AOB

Es ist nach einer einfachen Möglichkeit zu suchen, die es erlaubt, die AOB zuverlässig zu erfassen und die Vorgangslisten in Übereinstimmung mit dem gezeichneten Netzplan zu halten, dabei werden die AOB als Zeitgrößen (entsprechend den zeiterfordernden Vorgängen) mit der eigenen Nummer aufgelistet. In der Textspalte, die für Vorgänge vorgesehen ist, lassen sich weitere Informationen unterbringen, wie z.B.

AF von 102 nach 307 oder
EF von 204 nach 385.

Damit ist erstens eine Information über die Richtung des Pfeils gegeben, und zweitens wird die AOB im Netzplan auffindbar.

In der Vorliegerspalte werden die Vorgänge aufgelistet, die auf den Anfang der betreffenden AOB Auswirkungen haben können, d.h. eine EF tritt bei dem nächstfolgenden Vorgang als Vorlieger in Erscheinung.

4.9.5 Die inhaltliche Bedeutung der AOB

Das Hauptanliegen der Netzplaner für die Einführung von AOB besteht darin, daß man die Überlappung von Vorgängen in geeigneter Weise zulassen möchte. Würde beispielsweise eine Überlappung durch Aufteilung der Vorgänge in einzelne Abschnitte konstruiert, so könnte man zwar auf die speziellen Anordnungsbeziehungen vom Typ AF, EF, und SF verzichten, aber man bekäme ganz starre Abhängigkeiten (Bild 4.10a):

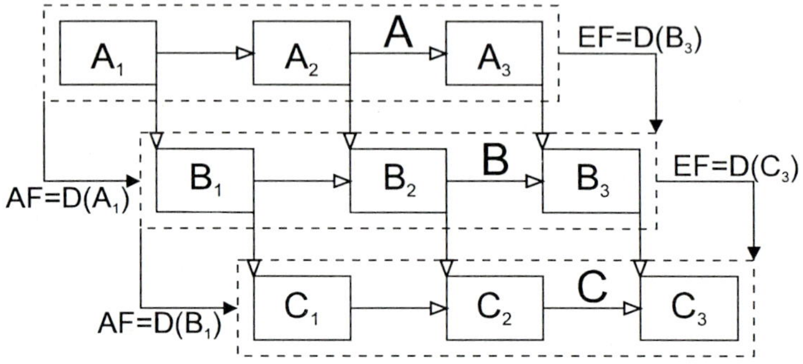

Bild 4.10 Zwei Netzpläne aus je drei aufeinanderfolgenden Vorgängen A, B und C mit teilweiser Überlappung.
Figur a: mit je dreifacher Unterteilung der Vorgänge und Normalfolgen
Figur b: mit Anfangs- und Endfolgen, jedoch ohne Vorgangsunterteilung.

Die Übereinstimmung beider Varianten ist insoweit gegeben als beide Berechnungen die gleiche Gesamtzeit liefern.

Die Aussagen beider Darstellungen sind jedoch nicht vollständig identisch: Die detaillierte Aussage von Figur a besteht aus insgesamt 9 Teilvorgängen, von denen jeweils 1 bzw. 2 bzw. alle drei Teile fertig sein müssen bevor es weitergeht. Kein nachfolgender Teilvorgang kann einen technologisch vorausgehenden überholen (etwa C_2 den B_2). Nach der Zusammenfassung der Teilvorgänge in Figur b errechnet sich ein gleich großer Zeitbedarf für die ganze Vorgangsgruppe, ohne daß derart enge Festlegungen der Abschnitte vorgenommen werden. Dies ist in der Baupraxis oft eine realistischere Aussage.

Aus dem Bild 4.10 ist noch mehr abzulesen:

Der Zeitwert der Anfangsfolgen ergibt sich jeweils durch den Fortschritt, den der *vorausgehende* Vorgang bis zum Beginn des nachfolgenden genommen haben muß. Bei Übereinstimmung beider Aussagen sind dies hier die Dauern von A_1 bzw. B_1 für die Anfangsfolgen.

Umgekehrt liegt der Fall für die Endfolgen: Ihr Zeitwert ergibt sich genau in der Größe, daß die technisch *nachfolgenden* Vorgänge komplettiert und abgeschlossen werden können. Hier im Bild entspricht der Zeitwert der Endfolgen genau der Dauer von B_3 bzw. C_3 (wenn zeitliche Übereinstimmung beider Aussagen vorliegen soll).

Die Anfangsfolge (AF) als Mindestbedingung

Die Anfangsfolge ist eine Verknüpfung der Anfänge von 2 Vorgängen, die im übrigen gleichzeitig (parallel) ablaufen können. Der Zeitwert der Anfangsfolge kann sich aus Berechnungen ergeben (z.B. Vorlauf einer Grundwasserabsenkung vor dem Aushub), aus Sicherheitsüberlegungen aus einer Vorlauffrist u.a.m. In der Regel wird man den Zeitwert in der gleichen ZE wie die Dauern der Vorgänge angeben (ganzzahlig), seltener in Prozent der Dauer des vorausgehenden Vorgangs.

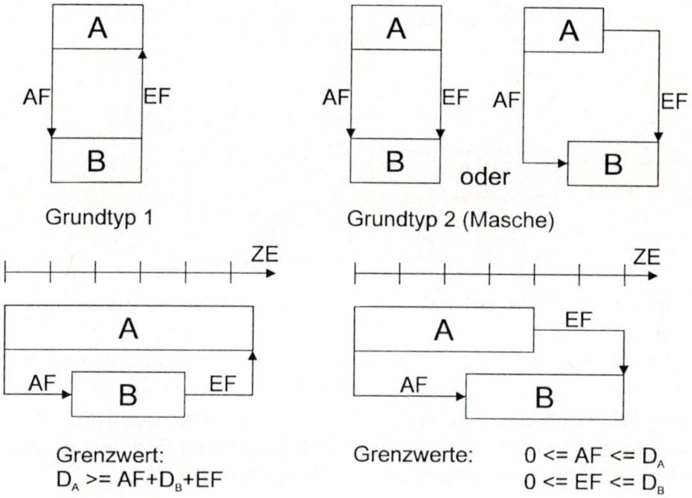

Bild 4.11 Grundfälle für die paarweise Benutzung von AF und EF

Die Endfolge (EF) als Mindestbedingung

Die EF stellt eine Verknüpfung zweier Vorgangsenden her, wobei auch diese Vorgänge prinzipiell gleichzeitig ablaufen können. Zur Zeitfeststellung einer Endfolge gelten die Bemerkungen von der AF entsprechend. Endfolgen werden auch überall dort eingesetzt, wo eine Überholung zweier Vorgänge ausgeschlossen werden soll.

Die paarweise Verwendung von AF und EF

Sind Aussagen zu treffen über Anfang und Ende zweier Vorgänge, so sind AF und EF paarweise einzusetzen. Dabei sind die Grundfälle von Bild 4.11 zu unterscheiden.

Der Grundtyp 1 ist anzuwenden, wenn ein Leitvorgang A mit einem nicht zeitbestimmenden Parallelvorgang verschachtelt werden soll (Bsp.: Wandschalung außen - Bewehrung - Wandschalung innen).

Etwas schwieriger zu handhaben ist der Grundtyp 2, wenn die AF bzw. die EF den Versatz der Vorgänge nicht voll ausfüllt. Dafür erhält zunächst der Vorgang D_A = 6 ZE die größere Dauer gegenüber D_B = 4 ZE, danach umgekehrt. Die Anfangs- und Endfolgen haben einheitlichen Zeitwert 2:

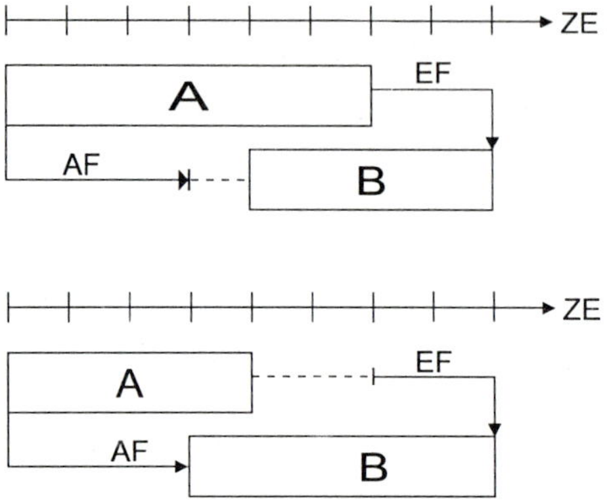

Bild 4.12 Varianten des Grundtypes 2 von Bild 4.11.

Im oberen Fall würde eine Berechnung des frühesten Anfangs von B zu dem Trugschluß führen, daß B zum Zeitpunkt 2 anfangen darf. Im unteren Fall würde die Rückwärtsrechnung irrtümlich dazu führen, daß infolge der Pufferzeit der späteste Anfangstermin von A 2 lauten könnte. Dann würde sich jedoch infolge von AF = 2 zwangsläufig auch der Anfang von B verschieben, was zu Verspätungen führt.

Beide Fehler können jedoch auf einfachste Weise vermieden werden, indem oben der Wert von AF und unten der Wert von EF jeweils um 2 erhöht wird. Eine solche Erhöhung der Zeitwerte ist zulässig da die AOB nach Voraussetzung *Mindest*angaben sind. Im oberen Fall ist die zeitliche Lage von Vorgang B bzw. im unteren Fall die zeitliche Lage von Vorgang A bestimmend.

Daraus kann folgende Regel (sog. "Maschenregel") gewonnen werden:

> Jede "Masche" (mit paarweise gleichsinniger AF und EF) hat zwei Wege; vergleiche *vor* der Netzberechnung den Zeitwert beider Wege und erhöhe gegebenenfalls die AOB auf dem zeitlich kürzeren Weg, gemäß

$$D_A + EF = AF + D_B.$$

Solche Erhöhungen im Netzplan werden auch in die Tabelle übernommen, um die zuvor beschriebenen "Berechnungsfehler" auszuschalten. Die Maschenregel ist auch auf Maschen mit mehr als 2 Vorgängen anzuwenden, wie z.B.

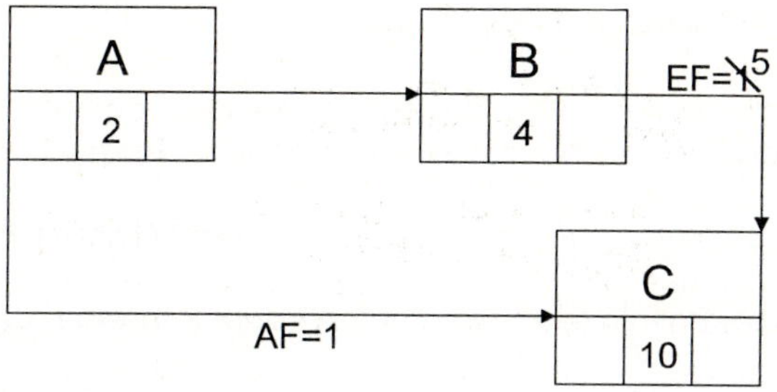

Bild 4.13 Masche mit drei Vorgängen

Hier ist die EF von 1 auf 5 ZE zu erhöhen, um die Bedingung der Maschenregel zu erfüllen.
Durch die Maschenregel werden beide Zweige der Maschen gleich lang gemacht. Dieser Zeitwert ist dann für die Vorwärts- und Rückwärtsrechnung zu benutzen.

Die Normalfolge (NF) mit Zeitbewertung

Die NF mit Zeitwerten > 0 ist gedanklich und praktisch ein versteckter Vorgang. Sie schiebt das Ende eines Vorgangs und den Anfang eines Nachfolgers um ihren Zeitwert auseinander. Die NF kann sinnvoll sein bei allen Arten von Fristen (Liefer-, Warte-, Terminfristen usw.). Der Zeitwert ergibt sich aus dem Sinn. Absolute Zeitgrößen (ganzzahlige ZE) sind die Regel.

Normalfolgen mit Zeitwerten < 0 bedeuten, daß der Anfang des nachfolgenden Vorgangs eine zeitliche Lage vor dem Ende des vorangehenden Vorgangs haben darf. Die negative Normalfolge schafft also eine zweite Möglichkeit zur Überlappung von Vorgängen. Ähnlich wie bei AF und EF sind dabei sinnvolle Grenzwerte einzuhalten (Bild 4.14).

Im oberen Fall geht bei D_A = NF die negative Normalfolge in eine AF = 0 über, im unteren Fall bei D_B = NF in die Endfolge EF = 0.
Daher kann die negative Normalfolge auf diesen Wertebereich beschränkt werden.

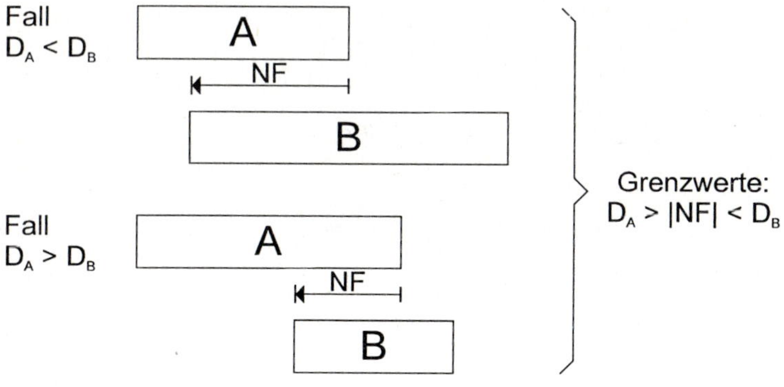

Bild 4.14 Die Bedeutung der negativen Normalfolge.

Die Sprungfolge (SF) als Mindestbedingung

Die SF stellt definitionsgemäß eine Beziehung zwischen dem Anfang eines Vorgangs und dem Ende eines anderen her. Sie sei mit folgendem Beispiel erläutert:

- A sei das Einsetzen eines großen Behälters vor dem Schließen der Kellerdecke,
- B sei das Herstellen der Kellerdecke,
- vom Einsetzen des Behälters an werden 3 AT zum Schließen der Kellerdecke benötigt.

Bild 4.15 Links Sprungfolge, rechts Alternative.

Hier kann die SF angewandt werden, weil der Anfang des Behältereinsetzens Voraussetzung für das Schließen der Kellerdecke ist. Zwingend notwendig ist dies jedoch nicht, wenn mit einer gegensinnigen AF und EF die rechte Formulierung von Bild 4.15 getroffen wird. Da die SF im Bauwesen nicht viel praktische Bedeutung hat, wird auf weitere Ausführungen dazu verzichtet.

4.9.6 Die Netzplanberechnung mit AOB

Die NF sowie die paarweise Benutzung von AF und EF mit dem lokalen Abgleich nach der Maschenregel bieten keine Probleme für die Netzplanberechnung. Dagegen kann die *singuläre* AF und die *singuläre* EF zu Berechnungsfehlern führen, wie z.B. in Bild 4.16:

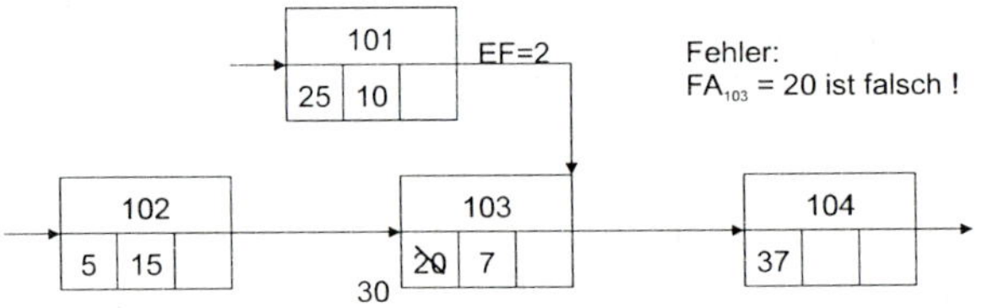

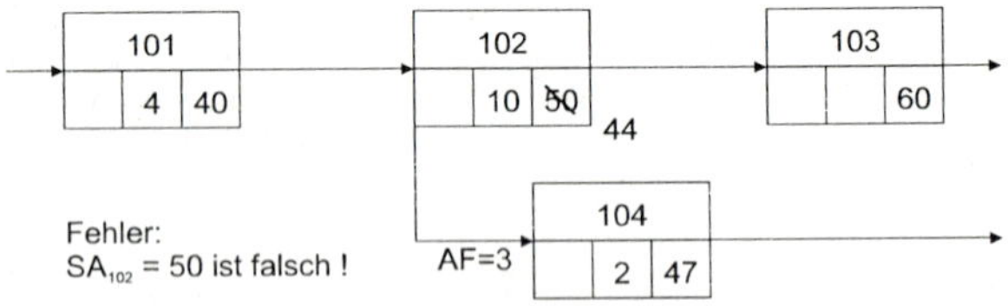

Bild 4.16 Oben: Die Vorwärtsrechnung liefert für alle Vorgänge richtige FA, außer für Vorgang 103.
Unten: Die Rückwärtsrechnung liefert bei 102 einen zu hohen Wert.

Die Schlußfolgerung daraus ist, daß bei Vorgang Nr. 103 das Resultat der Vorwärtsrechnung lokal überprüft und ggf. korrigiert werden muß gemäß

$$FA_j = \max \begin{bmatrix} FE_i + EF - D_j \\ FE_j - D_j \end{bmatrix}$$

Die Zahlenrechnung zu Bild 4.16 lautet:

$$FE_{103} - D_{103} < FE_{101} + EF - D_{103}$$

Da sich ein höherer Wert für FA_{103} ergibt als bisher, ist er maßgebend. Dieser wirkt sich jedoch nur lokal aus, weil keine AF von 103 ausgeht.

Analog dazu muß die Rückwärtsrechnung auch über die singulären Anfangsfolgen überprüft werden gemäß

$$SA_j = \min \begin{bmatrix} SA_k - AF \\ SA_j \end{bmatrix}$$

Im Beispiel von Bild 4.16 ist eine Korrektur vorzunehmen, die allerdings nur lokale Auswirkungen auf den SA von Vorgang 102 besitzt.

4.9.7 Zusammenfassung

Die Einführung von AOB in das Netzplanmodell stellt eine Bereicherung dar und eine Arbeitserleichterung, durch die unkomplizierte Verschachtelung der Vorgänge möglich werden. Dabei sind je nach Typ der AOB differenzierte Aussagen möglich. Andererseits entstehen neue Probleme und Grundsatzfragen, die nur durch weitere Berechnungsvorschriften beherrschbar sind. Das ist die Maschenregel bei paarweise gleichsinniger AF und EF sowie die Vorwärtsrechnung über die singuläre EF bzw. die Rückwärtsrechnung bei singulären AF.

Eine noch weitergehende Verallgemeinerung des Netzplanmodells etwa durch Einführung *maximaler* Zeitabstände, kann zwar algorithmisch, d.h. rechnerisch bewältigt werden. Da jedoch solche Netzpläne häufig Widersprüche enthalten, ist ihre Handhabung nur in Verbindung mit einem EDV-Programm sinnvoll, das diese Widersprüche feststellt und dem Anwender ausweist. Nach unserem heutigen Erkenntnisstand ist dies jedoch problematisch und wird von den Praktikern als zu kompliziert angesehen und aus gutem Grunde abgelehnt. Man sollte stets einfache Netzplanmodelle einführen (z.B. nur mit Normalfolgen), die bei Bedarf um Anfangs- und Endfolgen als Mindestbedingungen "erweitert" werden können.

Jede AOB kann durch Rechenformeln in jede andere AOB umgeformt werden. Rechnerisch können sich dabei exakt die gleichen Termine gefunden werden. Trotzdem ist es ein anderer Inhalt, wenn eine Aussage über das Ende zweier Vorgänge getroffen oder ob der Anfang zweier Vorgänge in Beziehung gesetzt wird. Es ist eine Art Ausdruckfehler, wenn ein gestaffelter Vorgangsanfang über Endfolgen formuliert wird, selbst wenn durch entsprechenden Zahlenabgleich der gleiche Anfang sichergestellt wird. Staffelungen der Anfänge sind daher stets mit Anfangsfolgen und Staffelungen des Vorgangsendes stets mit Endfolgen zu formulieren (ggf. in Kombinationen von AF und EF). Ganz entsprechend ist die bewertete Normalfolge immer dann einzusetzen, wenn Verknüpfungen (Aussagen) zwischen Ende und Anfang zweier Vorgänge herzustellen sind. Die Beobachtung zeigt, daß mancher Anwender im Laufe der Zeit diese Grundsatzüberlegungen nicht mehr anstellt und sich auf eine einzelne AOB seiner Wahl beschränkt. Dies ist für alle anderen Beteiligten eine erhebliche Erschwernis.

5 Kapazitätsplanung und -optimierung mit Hilfe der NPT

5.1 Einführung in die Problematik

Bei der Aufstellung von Netzplänen kann man zunächst davon ausgehen, daß die benötigten Betriebsmittel (Arbeitskräfte, Großgeräte, Anlagen) in unbegrenzter Menge verfügbar sind. Bei der Festlegung der Vorgangsdauern wird zwar eine bestimmte Betriebsmittelkapazität (d.h. Menge und Größe) angenommen; ob diese jedoch im geplanten Zeitraum frei oder gebunden ist, wird noch nicht berücksichtigt. Bei der Konkretisierung der Terminplanung dürfen jedoch Überlegungen zum Kapazitätseinsatz nicht ausgeklammert werden. Jede Unternehmung muß aus wirtschaftlichen Erwägungen heraus eine möglichst kontinuierliche Beschäftigung von Belegschaft und maschinellen Betriebseinrichtungen anstreben.

Die Tatsache, daß während der Projektabwicklung die Betriebsmittel zeitweise nicht in ausreichender Menge vorhanden sind, hat ursächlich nichts mit der Netzplantechnik zu tun. Mit dieser Situation müssen alle Betriebe fertig werden. Die Betriebswirtschaft kennt hierfür die Mittel, die im linken Teil von Bild 5.1 aufgeführt sind. Auf derartige Möglichkeiten wird das Management von Fall zu Fall zurückgreifen.

Die NPT bietet den Vorteil, daß der Planer den *Bedarf* während der Projektdauer genau vorhersagen kann. Ist eine gewissenhafte Terminplanung nach Netzplan vorhanden, so wird zusätzlich für jeden Vorgang der Betriebsmittelbedarf angegeben. Trägt man diesen Bedarf über der Zeit auf, so entstehen Bedarfspläne, entweder für die früheste zeitliche Lage der Vorgänge, für die späteste oder für Zwischenwerte. Diese Auswertung kann prinzipiell für beliebig viele verschiedene Betriebsmittel (BM) durchgeführt werden, wobei es auch möglich ist, daß Vorgänge mehrere Betriebsmittel gleicher oder verschiedener Art für ihre Durchführung beanspruchen. Ein Baubetrieb wird stets die BM genau verplanen, bei denen Mangel herrscht, z.B. große Baumaschinen, Arbeitskolonnen, Fachkräfte für Planung, Schal- und Rüstmaterial, Rechnerstunden usw. Überschreitet der Bedarfsplan eines Betriebsmittels die verfügbare Kapazität, so können die besonderen Maßnahmen nach Bild 5.1 angewandt werden, um die Randbedingungen des Projektes mit dem Netzplan in Einklang zu bringen.

Wenn der Plan sich mit einem Engpaß-Betriebsmittel beschäftigt, wird dieses wahrscheinlich nur sporadisch benötigt, d.h. viele Vorgänge erscheinen dann ohne spezielles BM (sog. "freie" Vorgänge), obwohl sie natürlich auch BM erfordern. Diese werden jedoch zunächst außer Betracht gelassen, um alle Variationsmöglichkeiten (d.h. Pufferzeiten und Reihenfolgevariationen) für das Engpaß-BM verfügbar zu machen. Werden demgegenüber alle Betriebsmittel verplant, so hätte diese Betriebsmittelplanung dann nur statistischen Charakter, ohne selbst gestalten zu können. Das ist kaum sinnvoll für die Bewirtschaftung der *knappen* Ressourcen.

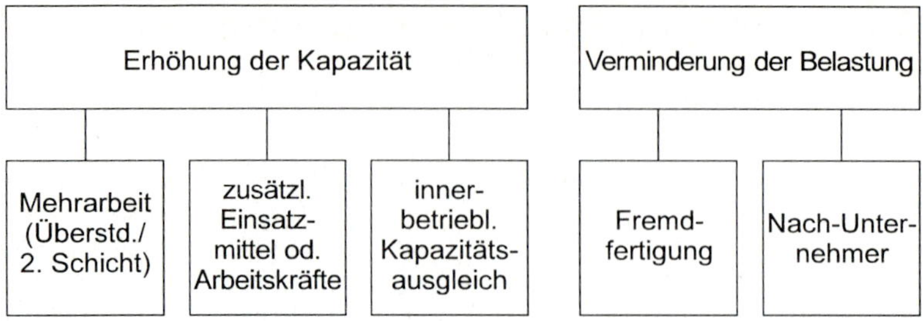

Bild 5.1 Mögliche Reaktionen auf Betriebsmittel-Engpässe.

Um der Projektleitung die Ausschöpfung dieser Maßnahme zu ermöglichen, müssen durch Kapazitätsplanung zuverlässige Prognosen für den zukünftigen Betriebsmittelbedarf gegeben werden. Dies sind zusätzliche Auswertungen der Terminplanung.

5.2 Einzelheiten über die Kapazitätsplanung

Die einfachste Stufe der Kapazitätsplanung ist die Sonderauswertung der Netzplanvorgänge im Sinne einer Bereitstellungsplanung: Man stellt dabei nur fest, ob und wann das betreffende BM eingesetzt ist. Das Ergebnis sind einfache Belastungsbänder der jeweiligen Kolonnen oder Großgeräte (Bild 5.2).

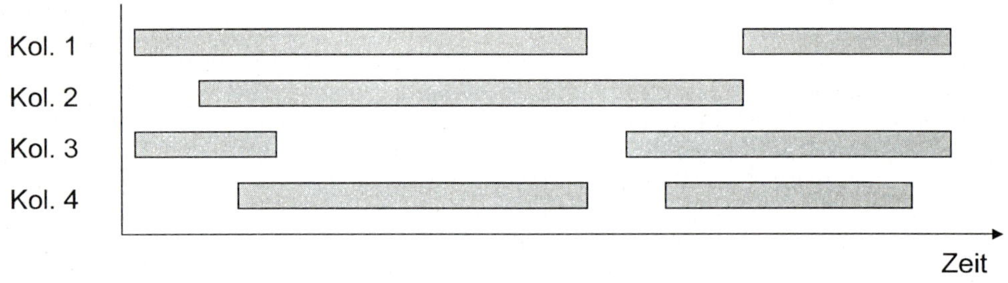

Bild 5.2 Sog. „Belastungsbänder" für den Einsatz von vier Kolonnen in einem Bauvorhaben.

Die Belastungsbänder geben Auskunft, wie gut das BM ausgelastet wird. In der Regel darf bei Langzeitstudien keine Auslastung über 80 % akzeptiert werden, weil auch bei gewissenhafter und vollständiger Durchplanung eines Bauvorhabens ein Rest an dispositiver Freiheit für Abweichungen erforderlich ist.

Bei anderen Betriebsmitteln, wo große und vielleicht auch unterschiedliche Stückzahlen oder sonstige Mengeneinheiten erforderlich sind, benutzt man anstelle von Belastungsbändern *Betriebsmittel-Ganglinien*, in denen die Menge über der Zeit aufgetragen wird. Besonders interessant sind die in Verbindung mit der NPT darstellbaren Grenzfälle der Ganglinien, wenn alle Vorgänge in frühester bzw. alle in spätester zeitlicher Lage durchgeführt werden.

Mit Hilfe der Ganglinien lassen sich sowohl die Bedarfsschwankungen, (Maxima, Minima) als auch deren zeitliche Lage genau bestimmen. Auch Mittelwerte können gefunden werden, die für die Projektleitung oft von besonderem Interesse sind.

Bei vielen parallelen Vorgängen ist der rechnerische und zeichnerische Aufwand für die Entwicklung derartiger Ganglinien erheblich. Bei Aufstellung von Hand sollte man stets zuerst die kritischen Vorgänge auftragen, da deren zeitliche Lage unveränder-bar ist, und darüber die sonstigen Werte (s. Bild 5.5).

5.3 Die Verbesserung der Kapazitätsplanung

Häufig wird bei der Betriebsmittelplanung festgestellt, daß nicht genügend Kapazität zur Verfügung steht oder daß diese erst später verfügbar sein wird. In diesem Falle muß die Planung verbessert und, sofern keine Maßnahmen im Sinne von Bild 5.1 ergriffen werden können, der betrieblichen Realität angepaßt werden. Dazu sind gewisse "Optimierungsmethoden" entwickelt worden, die zwar zum Teil einer streng wissenschaftlichen Begutachtung nicht standhalten, aber zumindest hilfreich sein können, geeignete Näherungslösungen oder Näherungs-Methoden selbst zu entwickeln.

Die nachstehende Übersicht gibt eine Gliederung der weiteren Gedankengänge bzw. stellt den Zusammenhang her oder ermöglicht eine deutlichere Abgrenzung der Methoden, da die Aspekte dieses Themas sehr vielschichtig sind.

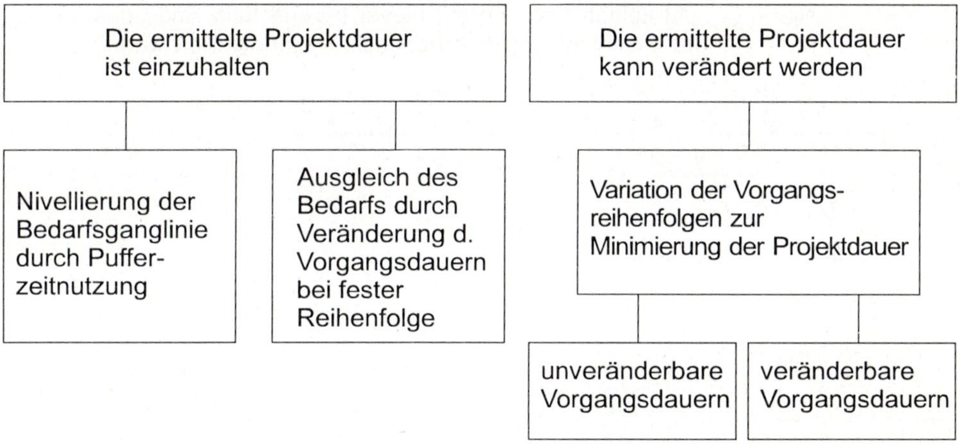

Bild 5.3 Übersicht über die planerischen Mittel zur Kapazitäts- und Reihenfolgeplanung mit 1 Betriebsmittel.

5.3.1 Die Verfahren zur Nivellierung des Betriebsmitteleinsatzes (Levelling)

Ziel dieser heuristischen Verfahren ist es, durch Verändern des Bedarfsplanes im Rahmen der vorgegebenen Projektdauer einen "möglichst guten" Bedarfsplan zu finden. Für die Eigenschaft "möglichst gut" können verschiedene Kriterien festgelegt werden, so daß hier mehrere grundsätzliche Verfahren auszuführen sind, die jeweils durch Varianten weiter modifiziert werden. Die Reihenfolge der Vorgänge wird hierbei als unveränderbar (fest) angesehen

Probeweises Senken der Kapazitätsgrenze und Verschieben von Vorgängen

Gegeben sei ein Netzplan mit der zulässigen Bauzeit. Gesucht wird der geringstmögliche Betriebsmittelbedarf. Hierbei kann folgendermaßen verfahren werden:

1. Schritt: Ermittle den Bedarfsplan (Ganglinie) mit dem mindestens erforderlichen Betriebsmittelbedarf in der frühesten Lage.

2. Schritt: Führe eine Kapazitätsgrenze ein, die eine Einheit unter dem höchsten Bedarf liegt.

3. Schritt: Verschiebe die Vorgänge, die zur Kapazitätsüberschreitung führen, einzeln im Rahmen ihrer gesamten Pufferzeit so, daß die Grenze nicht mehr überschritten wird.

4. Schritt: Gibt es eine solche Verschiebung, daß die Grenze eingehalten werden kann?
Ja: Reduziere die Pufferzeit durch eine Normalfolge und fahre fort mit Schritt 1.
Nein: Es gibt keinen Vorgang mit dieser Eigenschaft. Ende des Verfahrens. Die Betriebsmittelganglinie kann nicht weiter nivelliert werden.

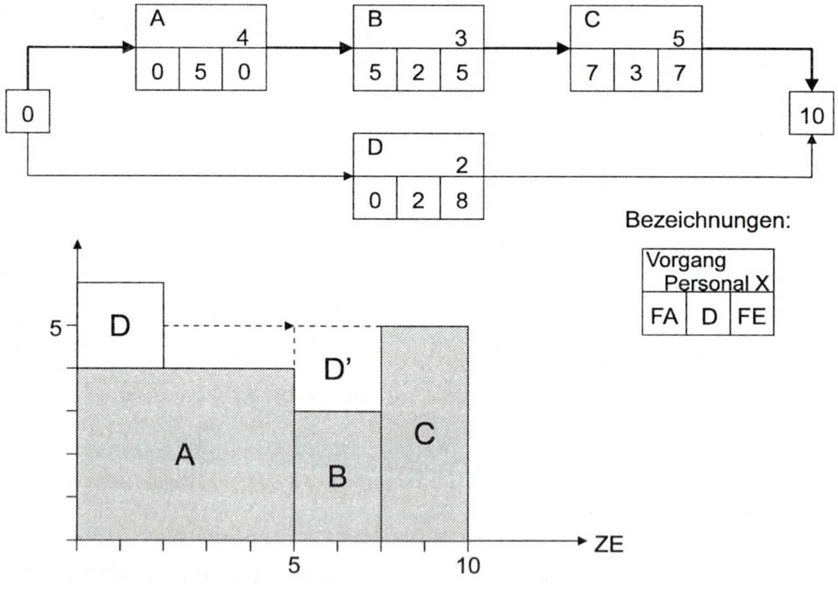

Bild 5.4 Grundprinzip für den Betriebsmittelausgleich.

Bei dieser verhältnismäßig primitiven Vorgehensweise bereitet Schritt 3 die Hauptschwierigkeiten. Welche Vorgänge sind wie weit zu verschieben, um eine gute Lösung zu erzielen?

Im Zahlenbeispiel von Bild 5.4 werden zunächst in der frühesten Lage 6 BME benötigt. Die Kapazitätsgrenze wird probeweise auf 5 gesenkt und der Vorgang D im Rahmen seiner Pufferzeit Schritt für Schritt ebenfalls probeweise in eine spätere Lage gebracht. Es zeigt sich, daß bei seiner Lage zwischen 5 und 7 ZE, die Kapazitätsgrenze von 5 BME eingehalten werden kann. Daher wird der Vorgang durch eine Normalfolge vom Projektbeginn zum Anfang D mit NF = 5 ZE fixiert.

Im nächsten Schritt wird die Kapazitätsgrenze probeweise von 5 auf 4 BME abgesenkt. Diese Grenze ist aber (wie in Bild 5.4 sofort ersichtlich) bei Verschiebung von Vorgängen mit Pufferzeit (d.h. hier nur von D) nicht zu erreichen.

Kritisch ist dabei anzumerken, daß zunächst nur der Maximalwert des Betriebsmittelbedarfes reduziert wird. Über den sonstigen Verlauf der Ganglinie wird nichts ausgesagt. Man könnte das an sich sehr simple Verfahren ggf. dadurch leistungsfähiger gestalten, daß es abschnittsweise für einzelne Zeitintervalle eingesetzt wird. Dadurch verliert es aber seine Anschaulichkeit und wird erheblich schwerer programmierbar. Insgesamt befriedigt diese Methode aber nur sehr geringe Anforderungen.

Prioritätsregeln und Zielfunktionen als Maßstab

Mit einer Zielfunktion wird gegenüber der rein empirischen Vorgangsverschiebung ein empfindlicher Maßstab geschaffen. Dabei spielt die Art und Gestaltung der Zielfunktionen eine entscheidende Rolle. Sinnvoll sind vor allem Zielfunktionen, die die Bedarfsspitzen oder die Bedarfsschwankungen besonders stark bewerten und auf extrem hohen oder niedrigen Bedarf besonders empfindlich reagieren. Dies ist z.B. der Fall, wenn die Zielfunktion lautet:

Minimiere die Summe der Quadrate der Abweichungen vom durchschnittlichen Betriebsmittelbedarf

Diese Zielfunktionen haben in der Regel einen Minimalwert, so daß man dahinter exakte mathematische Verfahren vermuten könnte. In Wirklichkeit erfolgt durch das weitere Vorgehen eine willkürliche Auswahl von einzelnen Terminlösungen (Netzplänen). Eine vollständige Bewertung aller einzelnen Lösungen kann wegen des Umfangs der Probleme nicht erfolgen, d.h. es handelt sich auch hierbei um ein heuristisches Verfahren, nach folgender Regel:

1. Schritt: Für einen Netzplan mit der zulässigen Bauzeit wird der Bedarfsplan und der Wert der Zielfunktion ermittelt.

2. Schritt Wähle einen Vorgang mit Pufferzeit aus (z.B. durch Anwenden einer Prioritätsregel).

3. Schritt: Nach einer willkürlichen Prioritätsregel wird ein Vorgang mit Pufferzeit um 1 ZE verschoben.

4. Schritt: Die Zielfunktion wird berechnet.

5. Schritt: Hat sich der Wert der Zielfunktion verbessert?
Wenn ja: den Netzplan und den Wert der Zielfunktion speichern, dann Schritt 3, wenn der Vorgang noch weiter verschiebbar ist.
sonst: Schritt 6.

6. Schritt: Sind alle Vorgänge im Rahmen ihrer Gesamtpufferzeit systematisch untersucht worden?
Ja: Ende des Verfahrens
Nein: Schritt 2.

Die sich ständig wiederholenden Rechenoperationen sind leicht für Rechenanlagen programmierbar, wobei die Zielfunktion nach den oben gegebenen Vorschlägen unterschiedlich gestaltet werden kann.

Bei diesem Vorgehen wird zwangsläufig ein stärkerer Ausgleich zwischen Spitzen und Tälern herbeigeführt, jedoch ohne daß häufige Schwankungen beseitigt werden. Man möchte aber gerade bei Kapazitätsplanungen für Baustellen erreichen, daß die Kapazitätsganglinie zunächst ansteigende Tendenz aufweist, danach ggf. verharrt und erst allmählich wieder abfällt. Dazu dient das nächste Verfahren.

Aufsuchen der geringsten Bedarfsschwankungen

Das Ziel beim Nivellieren des Betriebsmittelbedarfes kann ggf. darin bestehen, die Bewegungen der Bedarfsganglinie möglichst klein zu halten. Dies ist betriebswirtschaftlich sinnvoll, da durch jeden An- oder Abtransport von Betriebsmitteln Kosten entstehen. Je nach dem ob die Kosten für An- oder Abtransporte gleich hoch oder unterschiedlich sind, kann die Zielfunktion lauten:

- minimiere die Anzahl aller Veränderungen der Bedarfsganglinie oder

- minimiere die Gesamtkosten für die Veränderungen der Bedarfsganglinie, wobei entweder nur die Kostenrelationen von An- und Abtransport von Interesse sind oder die Kosten jedes einzelnen Transportvorfalles individuell erfaßt werden können.

Hierzu das folgende Beispiel, bei dem vorausgesetzt wird, daß die An- und Abtransporte gleich teuer sind:

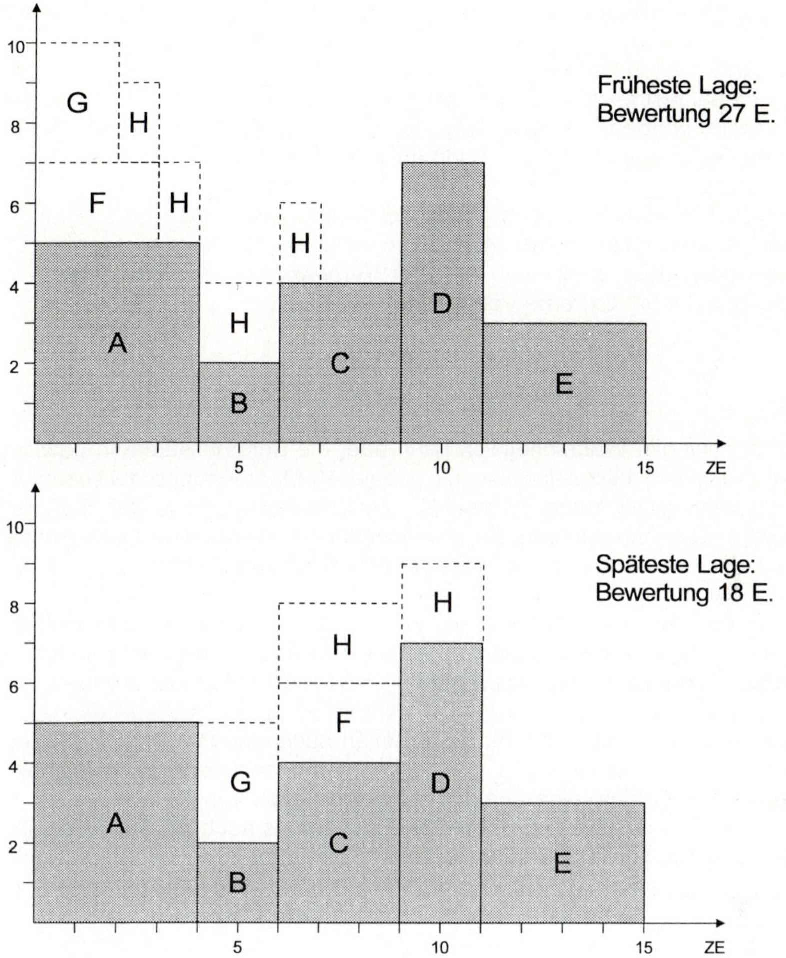

Bild 5.5 Gegenüberstellung von zwei Betriebsmittelganglinien

Alle drei Methoden sind *heuristischer* Natur. In der Art von Simulationen liefern sie in einem Fall gute, im anderen weniger gute Resultate. Während die beiden ersten das Ziel haben, den Spitzenbedarf abzubauen, verfolgt die dritte den Zweck, die Schwankungen des Bedarfes gering zu halten, ohne dabei die Höhe des Spitzenbedarfes zu beachten. Alle Verfahren können nur sinnvoll für *ein* Betriebsmittel eingesetzt werden.

Auch wenn durch solche relativ einfache Hilfsmittel nicht zwangsläufig das mathematische Optimum aufgefunden wird, sind dies enorm wichtige Prinzipien, weil sie für jedermann durchschaubar und in der Praxis leicht anwendbar sind. Sie dienen auch als Basis für eigene Weiterentwicklungen.

5.3.2 Kapazitätsoptimierung durch Verändern der Vorgangsdauern (Smoothing)

Bei einer vernünftigen Kapazitätsplanung ist die Dauer des einzelnen Vorgangs richtig oder sogar ideal festgelegt und kann mit einem "normalen" Betriebsmitteleinsatz zuverlässig erreicht werden. Daraus folgt, daß die Zeitfestlegung und Betriebsmittelbestückung der Vorgänge endgültig und unveränderbar ist.

Dies ist jedoch in dieser extremen Art und Weise nicht ganz praxisgerecht. Denn in gewissen Grenzen oder Toleranzschranken ist bei vielen Vorgängen eine Variationsmöglichkeit diskutabel, wenn dies zu einer Verbesserung des Betriebsmitteleinsatzes im Projektverlauf führt. Extreme Vorstellungen wie:

10 Mann bauen ein Haus in 100 Tagen,
also bauen es 1000 Mann in 1 Tag

sind jedoch abwegig. Wahrscheinlich kann aber die Personalstärke in gewissen Grenzen variiert werden, beispielsweise die ideale 10-Mann-Gruppe zwischen 8 und 15. Dadurch gewinnen wir etwas Flexibilität, um Schwankungen in der Bedarfsganglinie auszugleichen. Die Verstärkung der Betriebsmittel ist immer dann uninteressant, wenn die Durchschnittsleistung pro Kopf oder pro Maschine zurückgeht.

Die erste grobe Abschätzung, welche Projektdauer mit welcher Betriebsmittelzahl erreicht werden kann, liefert das *ideale Rechteck*. In Bild 5.6 wird angenommen, daß im Rahmen eines Projektes 810 Tagewerke in 45 AT mit 18 Mann zu erbringen sind.

Eine Beschleunigung auf 30 AT für die Arbeiten hätte eine Personalverstärkung auf 27 Mann zur Folge, bei Verlangsamung auf 60 AT würde sich der Personaleinsatz auf 13,5 Mann verringern. Zu dem einen Fall führt die Zeitgrenze von 30 bzw. 60 AT zu der Betriebsmittelvorgabe oder in einem anderen Fall kann es auch die Technik sein, die mindestens 13,5 bzw. höchstens 27 Arbeitskräfte erfordert bzw. zuläßt. In beiden Fällen bestehen innerhalb der Unter- und Obergrenze diverse *Wahlmöglichkeiten.*

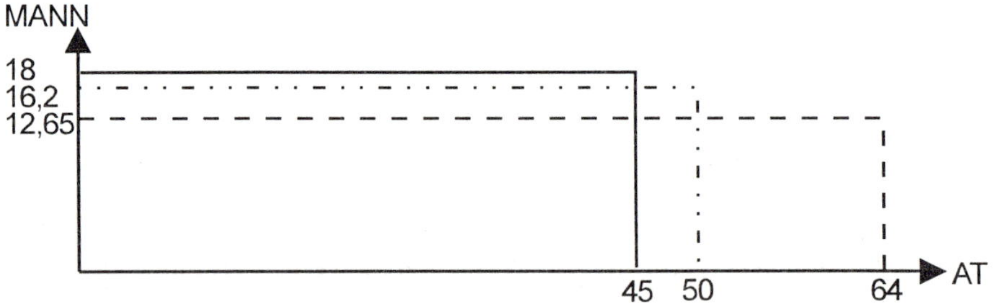

Bild 5.6 Die flächengleichen Rechtecke geben Anhaltswerte für die erforderliche Personalstärke bzw. BM-Zahl.

Falls für alle oder für einen Teil der Vorgänge während ihrer Ausführung Schwankungen des Betriebsmitteleinsatzes zulässig sind, ist für das Projekt als ganzes die bestmögliche Annäherung an das Idealrechteck anzustreben.

Zum besseren Verständnis auch hier ein Zahlenbeispiel: Der Netzplan von Bild 5.7a wird mit Angaben zum Personalbedarf versehen. Bild 5.7b zeigt als Ergebnis eine daraus entwickelte recht vorteilhafte Personalganglinie:

Der Vorgang 102 wird mit 12 Mann begonnen und später mit 10 Mann weitergeführt. Es zeigt sich, daß durch die wiederholte Umrechnung von Kapazität und Zeit bei ganzzahligen Personalangaben nichtganzzahlige Vorgangsdauern in Kauf genommen werden müssen oder umgekehrt.

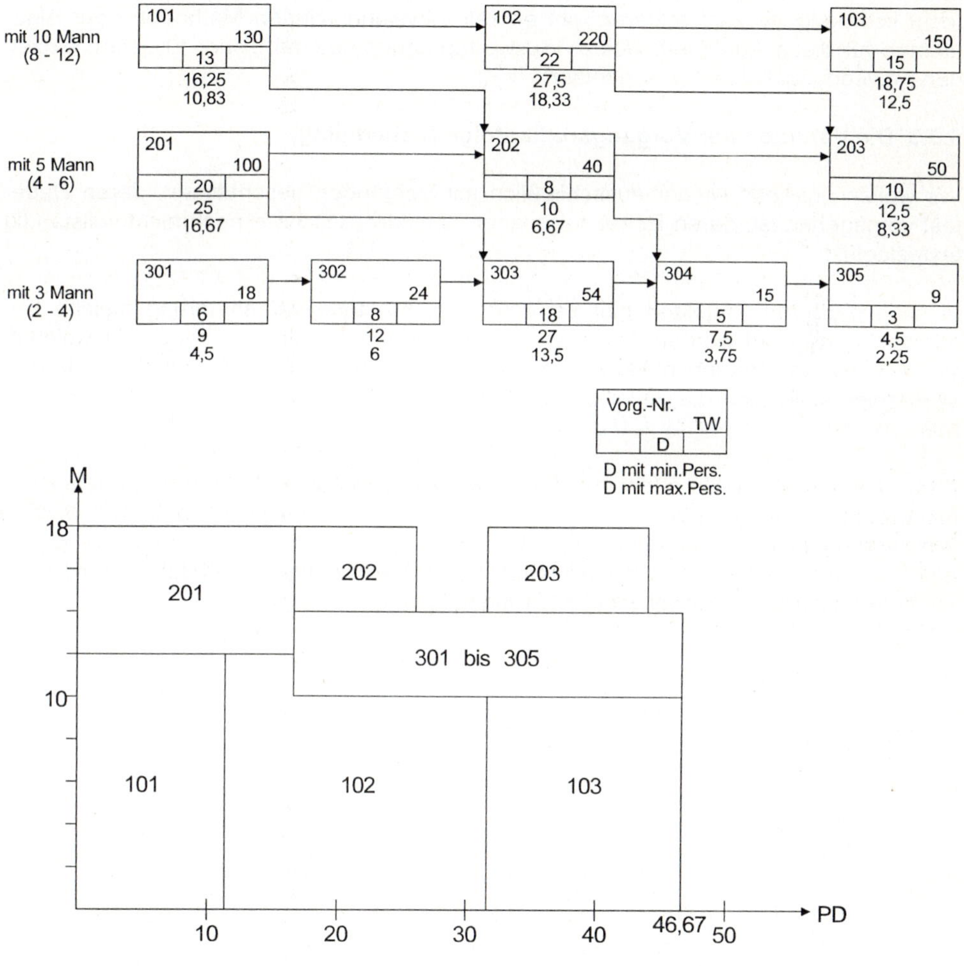

Bild 5.7 Planungsbeispiel für "Smoothing" mit den Daten des Netzplans (oben) und der Personalganglinie (unten).

Das Idealrechteck, bestehend aus 18 x 45 = 810 Tagewerken für das ganze Projekt, kann hier infolge der Abhängigkeiten im Netzplan nicht erreicht werden.

Soll eine Optimierung, d.h. eine Bestgestaltung des Netzplanes durchgeführt werden, so ist zunächst das Optimierungsziel festzulegen, wie z.B.

- die kürzeste Projektdauer bei vorgegebenem Betriebsmitteleinsatz bestimmen oder

- die minimale Abweichung vom vorgegebenen Idealrechteck suchen.

Derartige Fragestellungen sind mathematisch anspruchsvoll: Zum einen gibt es häufig eine Vielzahl von zulässigen Lösungen, deren Bewertung im Sinne einer Optimierung recht schwierig ist, zum anderen gibt es keine leistungsfähigen Methoden oder Algorithmen für diese Aufgaben. Solche Auswerteprogramme sind bisher für jeden einzelnen Anwendungsfall maßgeschneidert.

5.3.3 Die Variation der Vorgangsreihenfolge (Scheduling)

Wir wollen uns jetzt wieder ausschließlich mit Vorgängen beschäftigen, deren Dauer fest vorgegeben ist, deren Reihenfolge aber zumindest teilweise noch nicht vollständig festgelegt ist.

In allen größeren Projekten gibt es Vorgänge, für deren Durchführung gleiche Betriebsmittel benötigt werden. In solchen Situationen stellt sich die Frage: Für welchen Vorgang soll das Betriebsmittel zuerst eingesetzt werden? Wie das nachstehende Beispiel zeigt, wirkt sich die jeweilige Entscheidung nicht unerheblich auf das Ergebnis aus:

Zwei Fundamente sollen nacheinander eingeschalt (Vorgänge A_1 und A_2), nacheinander bewehrt (Vorgänge B_1 und B_2) und abschließend gemeinsam betoniert werden (Vorgang C). Die Reihenfolge A, B, C ist technologisch vorgegeben. Die Vorgänge A_1 und A_2 sowie B_1 und B_2 können technologisch gleichzeitig durchgeführt werden. Es ergibt sich folgender *technologischer* Grundnetzplan (Bild 5.8):

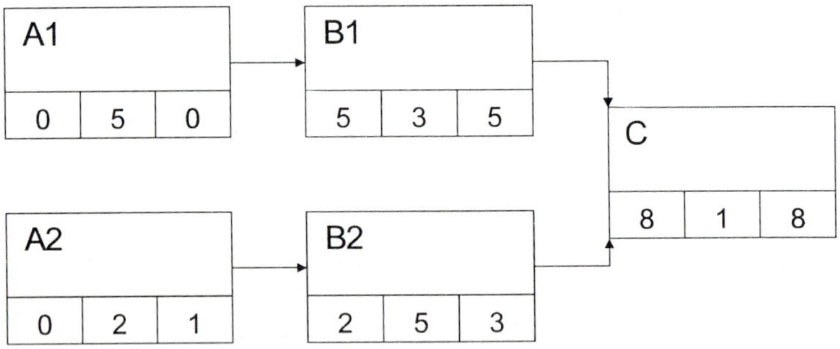

Bild 5.8 Technologischer Grundnetzplan mit 5 Vorgängen.

Wenn aufgrund von Kapazitätsbeschränkungen die Vorgänge A_1 und A_2 bzw. B_1 und B_2 *nicht gleichzeitig* durchführbar sind, ist ein Netzplan ohne diese Betriebsmittelfestlegungen unvollständig, entweder ist "A_1 vor A_2" oder A_2 vor A_1" vorzuschreiben. Dabei ist aber stets zu fragen, welche Reihenfolge die kürzere Bauzeit liefert. Die Zahl der möglichen Netzpläne ergibt sich durch die kombinierte Überlegung, daß für zwei Vorgänge genau 2! Reihenfolgen möglich sind, die kombiniert werden müssen, so daß hier genau

$$2! \times 2! = 4$$

verschiedene Netzpläne existieren. Im nachstehenden Bild sind zwei davon gezeigt:

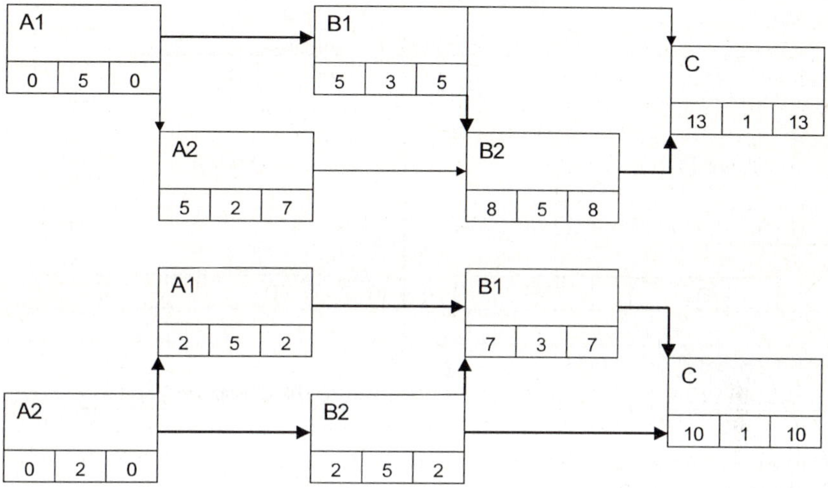

Bild 5.9 Zwei der vier möglichen Netzpläne nach durchgeführter Betriebsmittelplanung.

Die Lösung "Bauteil 1 vor Bauteil 2" ist schlechter als die umgekehrte Möglichkeit "Bauteil 2 vor 1". Allerdings wird die kürzere Bauzeit grundsätzlich durch mehr kritische Vorgänge erkauft.

Die theoretisch auch möglichen inversen Reihenfolgen

Schalen 1 vor 2 und Bewehren 2 vor 1 bzw.
Schalen 2 vor 1 und Bewehren 1 vor 2

liefern hier keine kürzeren Netzpläne, können aber in größeren Zusammenhängen von Fall zu Fall auch vorteilhaft sein.

Das Beispiel zeigt, daß ohne zusätzliche Kapazitäten allein durch die Wahl einer günstigeren Reihenfolge beachtliche Projektverkürzungen erzielt werden können.

Eine besondere Schwierigkeit für das Auffinden optimaler Reihenfolgen besteht darin, daß es erforderlich sein kann, ein Betriebsmittel trotz bestehender Arbeitsmöglichkeiten *nicht* einzusetzen, bis zunächst ein anderer, noch nicht durchführbarer Vorgang bearbeitet ist, um insgesamt die optimale (d.h. absolut beste) Reihenfolge aufzufinden. Die Grafik von Bild 5.10 verdeutlicht den Zusammenhang. Die Vorgänge A und D sollen das *gleiche* Betriebsmittel erfordern:

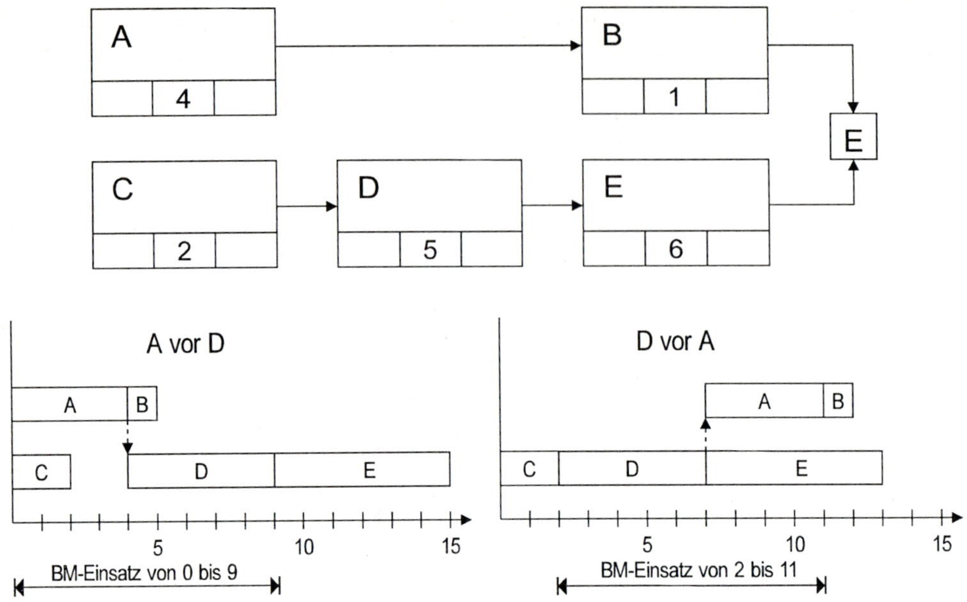

Bild 5.10 Die beiden um das gleiche BM konkurrierenden Vorgänge gestatten die Lösungen A vor D oder D vor A.

Heuristische Verfahren mit Prioritätsregeln

Bereits im Abschnitt 5.3.1 über „Levelling" wurden Prioritätsregeln als Instrumentarium eingesetzt, um die BM-Ganglinien zu glätten. Solche Prioritätsregeln können bei der hier zu lösenden Aufgabe der optimalen Reihenfolge ebenfalls nützlich sein:

Die kapazitiven Abhängigkeiten werden nach willkürlich gewählten Prioritätsregeln festgelegt. Das Ziel eines solchen Vorgehens kann entweder sein, durch Anwenden der Prioritätsregeln eine feste Kapazitätsobergrenze bei variabler Projektzeit oder die Bauzeit bei variabler Kapazitätsgrenze einzuhalten.

Als Prioritätskriterium können alle Vorgangsdaten

FA, FE, SA, SE, D, GP, Rang usw.

in absteigender oder aufsteigender Folge gewählt werden. Ferner sind im Falle von mehreren gleich großen Zahlenwerten als zusätzliche Nebenkriterien üblich:

der Rang des Vorgangs im Netzplan,
die Größe des Einsatzmittelbedarfes,
der maximale Nachlauf (= Zeit zwischen SE und Projektende),
die Vorgangsnummer usw.

Bei diesen Werten aus der Netzplanberechnung kann weiterhin gewählt werden, ob die Daten von einer einmaligen Netzplanberechnung vor Anwendung der Prioritätsregeln verwendet oder ob diese während der Netzplanberechnung und Reihenfolgefestlegung laufend fortgeschrieben werden sollen. Das eine sind sog. "statische", das andere "dynamische" Verfahren.

Alle die (heuristischen) Methoden zur Reihenfolgeoptimierung können beispielsweise wie folgt aufgebaut sein:

1. Schritt: Berechnen der FA und FE aller *freien* Vorgänge, bis nur gebundene Vorgänge zu berechnen sind.

2.Schritt: Anwendung der/einer Prioritätsregel auf die *gebundenen* Vorgänge.

3.Schritt: Ist das Ergebnis eindeutig?
Ja: Schritt 4
Nein: Anwendung einer *Hilfs*- Prioritätsregel.
Weiter mit Schritt 2!

4.Schritt: Berechnen der FA und FE des dazugekommenen Vorgangs sowie aller nachfolgenden Vorgänge (soweit Änderungen erforderlich sind).

5.Schritt: Sind alle gebundenen Vorgänge eingeplant?
Ja: Ende (Ermittlung des kritischen Weges usw.)
sonst: Fortsetzung mit Schritt 2.

Müller-Merbach [5.4] hat gezeigt, daß große Differenzen bei Prioritätsregeln auftreten. Die einzelnen Prioritätskriterien liefern je nach Struktur des Netzplans abwechselnd bessere oder schlechtere Resultate. Keine Prioritätsregel ist den anderen regelmäßig überlegen. Kombinationen dieser Regeln führen zwar zu komplizierten Algorithmen, nicht jedoch zu besseren Resultaten. Das vernünftigste Vorgehen besteht darin, in Form einer *Simulation* eine ganze Reihe von Prioritätsregeln auf die gleiche Planungsaufgabe anzuwenden, um verschiedene Lösungen aufzubauen und darunter die beste Lösung auszuwählen. Allerdings bleibt wie bei jedem heuristischen Verfahren die Unsicherheit bestehen, wie gut die jeweils beste Lösung wirklich ist.

Ein derartiges Planungsverfahren wird am nachfolgenden Netzplanbeispiel (Bau einer Dreifeldbrücke) vorgeführt. Der technologische Netzplan ist einschließlich der Zeitschätzungen gegeben. Die Prioritätsregel "min FA_j" wurde willkürlich gewählt, hilfsweise "min D_j" sowie drittens "min j".

Wenn beliebig viele Betriebsmittel zur Verfügung stehen, gilt mit den getroffenen Annahmen über die Vorgangsdauern der untenstehende technologische Netzplan mit 47 ZE Projektdauer.

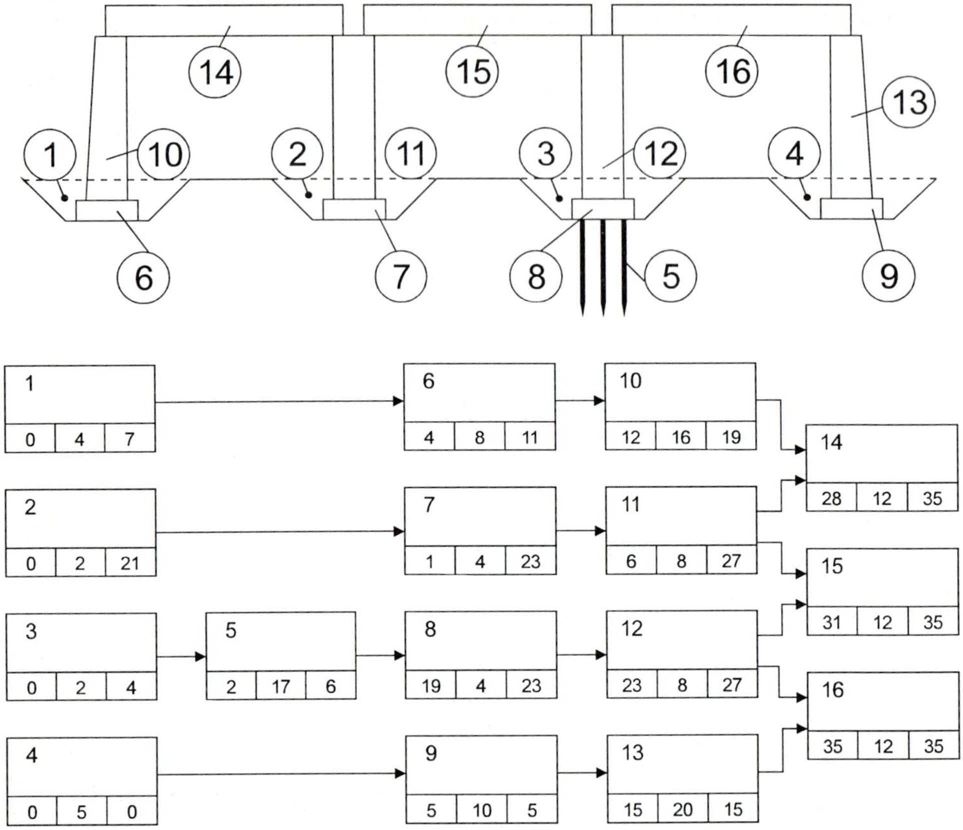

Bild 5.11 Dreifeldbrücke mit Vorgangsbezeichnungen und technologischer Netzplan mit 47 ZE.

Für diese Bauaufgabe bestehen jedoch betriebsinterne Kapazitätsbeschränkungen dahingehend, daß je Vorgangstyp (im Netzplan von Bild 5.11 übereinander angeordnet) nur eine Betriebsmitteleinheit bereitgestellt wird, d.h.

1 Bagger für die Aushubvorgänge Nr. 1 - 4
1 Pfahlmaschine für Nr. 5
1 Betonierkolonne für die Fundamentvorgänge Nr. 6 - 9
1 Maurerkolonne für die Pfeiler und Widerlager Nr. 10 - 13
1 Montagekolonne für die Überbauten Nr. 14 - 16

Die Reihung wird mit der genannten Prioritätsregel mit Dynamisierung der Berechnung des technologischen Netzplans vorgenommen. Die Projektdauer erhöht sich unter diesen Vorgaben von 47 auf 84 ZE.

Die optimale Lösung durch Vollenumeration

Die vollständige Aufstellung der Durchrechnung aller Netzpläne scheitert am zu hohen Rechenaufwand (s. [5.10]). Das verhältnismäßig einfache Brückenbaubeispiel würde beispielsweise den Aufbau von

$$4! \times 1! \times 4! \times 4! \times 3! = 82\,944 \text{ Netzplänen erfordern.}$$

```
             MASCHINENTYP 1             ZUR VERFÜGUNG STEHEN         1
VORG.NR.
       1     I- ****
       2     I**
       3     I- - - **
       4     I- - - - *****
  EINHEITEN I    +    +    +    +    +    +    +    +    +    +    +    +    +    +
  NÖT.MASCH. I1111111111111000000000000000000000000000000000000000000000000000000000
  MAXIMAL NÖTIG    1

             MASCHINENTYP 2             ZUR VERFÜGUNG STEHEN         1
VORG.NR.
       6     I- - - ********
       7     I- **
       8     I- - - - - - - - - - - - -****
       9     I- - - - - - - **********
  EINHEITEN I    +    +    +    +    +    +    +    +    +    +    +    +    +    +
  NÖT.MASCH. I0011111111111111111111110111000000000000000000000000000000000000000000
  MAXIMAL NÖTIG    1

             MASCHINENTYP 3             ZUR VERFÜGUNG STEHEN         1
VORG.NR.
      10     I- - - - - - - ****************
      11     I- - - ********
      12     I- - - - - - - - - - - - - - - ********
      13     I- - - - - - - - - - - - - - - - - - - ********************
  EINHEITEN I    +    +    +    +    +    +    +    +    +    +    +    +    +    +
  NÖT.MASCH. I0000001111111111111111111111111111111111111111111111111111000000000000
  MAXIMAL NÖTIG    1

             MASCHINENTYP 4             ZUR VERFÜGUNG STEHEN         1
VORG.NR.
      14     I- - - - - - - - - - - - - - - ************
      15     I- - - - - - - - - - - - - - - - - - - - - ************      !
      16     I- - - - - - - - - - - - - - - - - - - - - - - - - - - - - ************
  EINHEITEN I    +    +    +    +    +    +    +    +    +    +    +    +    +    +
  NÖT.MASCH. I0000000000000000000000000000001111111111111111111111110000111111111111
  MAXIMAL NÖTIG    1
```

Bild 5.12 Rechnerausdruck als Balkenplan für die optimale Lösung des Beispiels von Bild 5.11.

Reihenfolgealgorithmus von Bruns/Weber/Bartusch

An der TH Aachen wurde ein rechnergestütztes Verfahren erarbeitet, das den (bzw. einen) optimalen Netzplan konstruiert. Es werden schrittweise zulässige Lösungen aufgebaut. Zulässig sind solche Lösungen, die alle Bedingungen des ursprünglichen technologischen Netzplans und die Restriktionen aufgrund beschränkter Betriebsmittelzahlen einhalten. Hierzu dienen 8 Entscheidungsfälle, die in jedem Bauschritt bei Vorliegen der jeweiligen Bedingungen angewendet werden.

Dabei entstehen zu jedem Endscheidungszeitpunkt *alle erforderlichen* Teilnetzpläne, die untereinander verglichen und bis auf die zum Auffinden der optimalen Lösung überflüssigen abgespeichert werden. Beim nachfolgenden Entscheidungszeitpunkt werden diese Teilnetzpläne nach den gleichen Regeln weiter verlängert.

Als Ergebnis wird die Reihenfolgetabelle für die Dreifeldbrücke mit der (bzw. einer) optimalen Lösung ausgedruckt sowie ein Balkenplan für die Belegung von jedem Betriebsmittel (Bild 5.12). Die minimale Bauzeit beträgt 70 ZE. Die für die kapazitätsgebundenen Vorgänge erforderliche Reihenfolge für jedes der vier Betriebsmittel kann in Bild 5.12 abgelesen werden.

5.4 Die Kombination von Smoothing und Scheduling

Smoothing (s. Abschnitt 5.3.2) und Scheduling (s. Abschnitt 5.3.3) sind für sich betrachtet mathematisch recht anspruchsvolle Planungsinstrumente. Durch ihren gemeinsamen Einsatz kann die Qualität der Lösung (des Ergebnisses) ggf. weiter gesteigert werden.

Stellen wir uns eine Aufgabe vor, wo einzelne Vorgänge ein knappes Betriebsmittel erfordern, das in mehreren Exemplaren vorhanden ist und sowohl einzeln als auch gemeinsam eingesetzt werden kann.

Ein solcher Fall ist im Rahmen einer Planung aufgetreten. Es handelt sich um folgendes Sachproblem:

Die Vorgänge Nr. 601 und 602 stellen größere Erdbewegungen dar mit 12 000 bzw. 4 800 m^3; hierfür sind 3 gleichstarke Bagger mit dem durchschnittlichen Arbeitsvermögen von je 240 m^3/Tag vorhanden. Die Dauern der Vorgänge ergeben sich aus der Zahl der eingesetzten Geräte und der Kubatur. Die beiden Vorgänge liegen räumlich weit auseinander, so daß an beiden gleichzeitig gearbeitet werden kann. Die Reihenfolge darf also beliebig gewählt werden. Wenn die Bagger von einem Vorgang zum anderen umgesetzt werden, entsteht jeweils ein Arbeitstag Transportverlust. Die übrigen für die Überlegung nicht maßgebenden Teile des Netzplanes werden in vier Sammelvorgängen zusammengefaßt (Bild 5.13).

Folgende Gedankengänge liegen dem Vorgehen zugrunde:
Die größere Baggerzahl wird dem mengenmäßig größeren Vorgang zugewiesen (Netzplan a). Weil der kleinere Vorgang dabei kritisch wird, war diese Überlegung offensichtlich falsch und wird korrigiert durch den Netzplan b. Dabei wird 601 kritisch und könnte eine Beschleunigung vertragen, daher der Versuch, zunächst alle Bagger bei 601 einzusetzen (Netzplan c). Völlig unlogisch ist dagegen der letzte Schritt, zunächst den Vorgang 602 mit allen Betriebsmitteln zu forcieren (Netzplan d). Dieser eigentlich unlogische Versuch, der sich nur aus der Systematik des Vorgehens anbietet liefert ausgerechnet die optimale Lösung mit 223 ZE Bauzeit.

Die Bauzeitersparnis ist recht beachtlich. Sie kann auf keine andere Weise als durch eine derartige Kapazitätsplanung gefunden werden. Algorithmen hierfür gibt es bislang nicht; aber mit Fleiß und Intuition können solche Probleme auch ohne Algorithmen aufgespürt und gelöst werden.

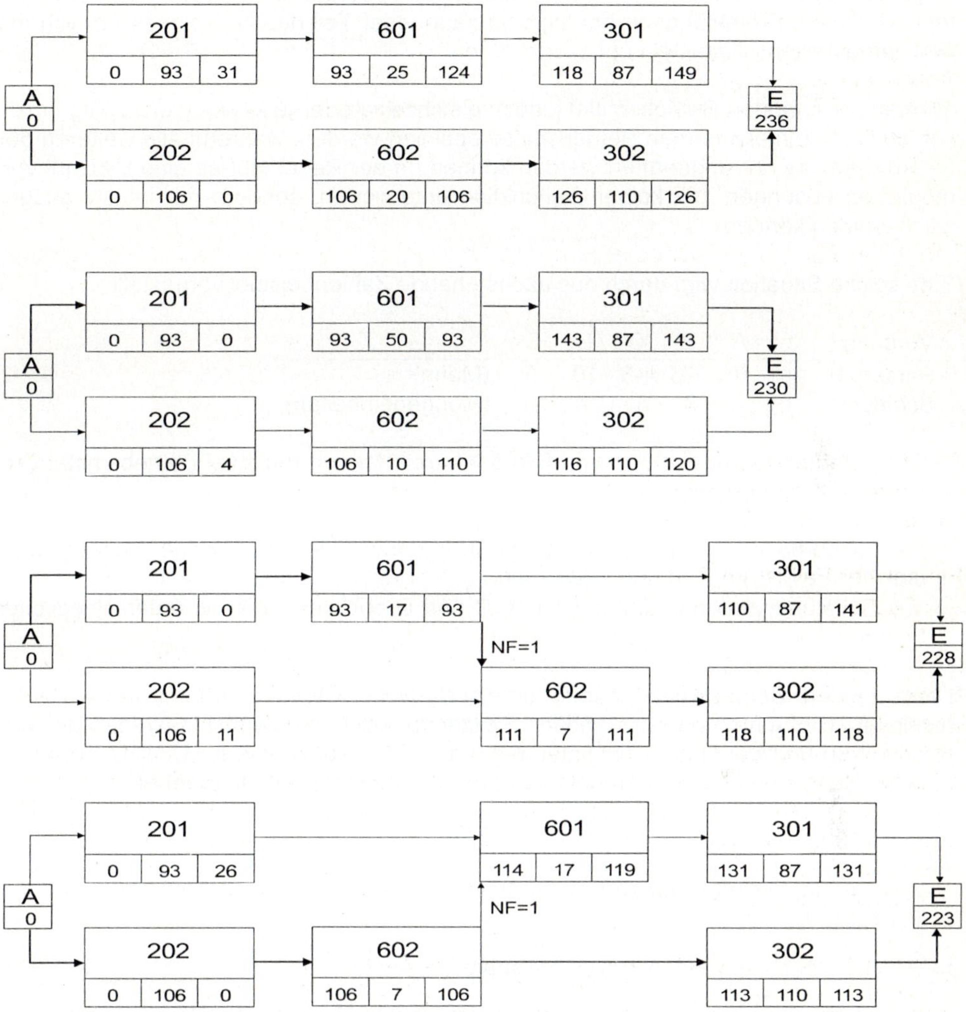

Bild 5.13 Vier mögliche Lösungen für das gestellte Problem.

5.5 Die Kapazitätsoptimierung für mehrere Betriebsmittel

Bei der Projektabwicklung gibt es häufig Situationen, wo mehrere Betriebsmittel mit Engpässen bei Beschaffung und Einsatz auftreten. Werden diese Betriebsmittel in unterschiedlichen Projektphasen benötigt, so kann jeder Teil des Netzplanes für sich mit den dargestellten Hilfsmitteln optimiert werden.

Werden die knappen Betriebsmittel jedoch gleichzeitig oder teilweise gleichzeitig benötigt, so kann zumeist nur ein Betriebsmittel optimiert werden, während alle weiteren der Idealvorstellung nur angenähert werden können. In der Regel gibt es eine Vielzahl von möglichen Lösungen, die keiner Zielfunktion unterworfen, sondern nur intuitiv ausgewählt werden können.

Eine solche Situation wird durch das nachstehende Zahlenbeispiel vorgestellt:

Vorgang	A	B	C	D	E	
Personal	6	2-6	4-8	10	5	(Mann)
Schalung	-	3	8	4	-	(Mengeneinheiten)

Die fünf Vorgänge im Netzplan von Bild 5.14 konkurrieren um zwei Betriebsmittel verschiedener Art und Menge:

- Die Facharbeiter, die für alle Vorgänge in unterschiedlichem Ausmaß benötigt werden,
- das Schalungsmaterial, das nur für B, C und D erforderlich ist, in unterschiedlicher Menge.

Diese beiden Betriebsmittel haben unterschiedliche Charakteristiken: Beim Personaleinsatz wird eine möglichst niedrige Spitzenbelegschaft gewünscht (wegen der Unterbringung) und bei dem Schalmaterial ein möglichst konzentrierter Einsatz, weil sich die Vorhaltekosten aus dem Produkt von Vorhaltezeit mal Mietsatz ergeben.

Fragestellungen für die Planung:

a) Welche Ganglinien ergeben sich für beide Betriebsmittel in der frühesten Lage der Vorgänge?

b) Welche Ganglinien ergeben sich bei spätester Ausführung?

c) Wie lautet die beste Lösung für beide Betriebsmittel, wenn die Personalstärke der zwei unkritischen Vorgänge in den zulässigen Grenzen variiert wird
- mit konstanter Mannschaftsstärke während der gesamten Vorgangsdauer und
- mit variabler Mannschaftsstärke unter Beachtung der Unter- und Obergrenzen.

Als Ergebnis findet man, daß die späteste Lage eine wesentlich bessere Lösung für beide Betriebsmittel liefert als die früheste. Eine weitere Verbesserung ergibt sich, wenn die Personalstärke in den zulässigen Grenzen variiert und der Vorgang C sofort nach D ausgeführt wird. (Vermeidung der Lücke). Im letzten Schritt wird zwar die beste Personalganglinie, zwangsläufig aber eine höhere Gerätemiete gefunden.

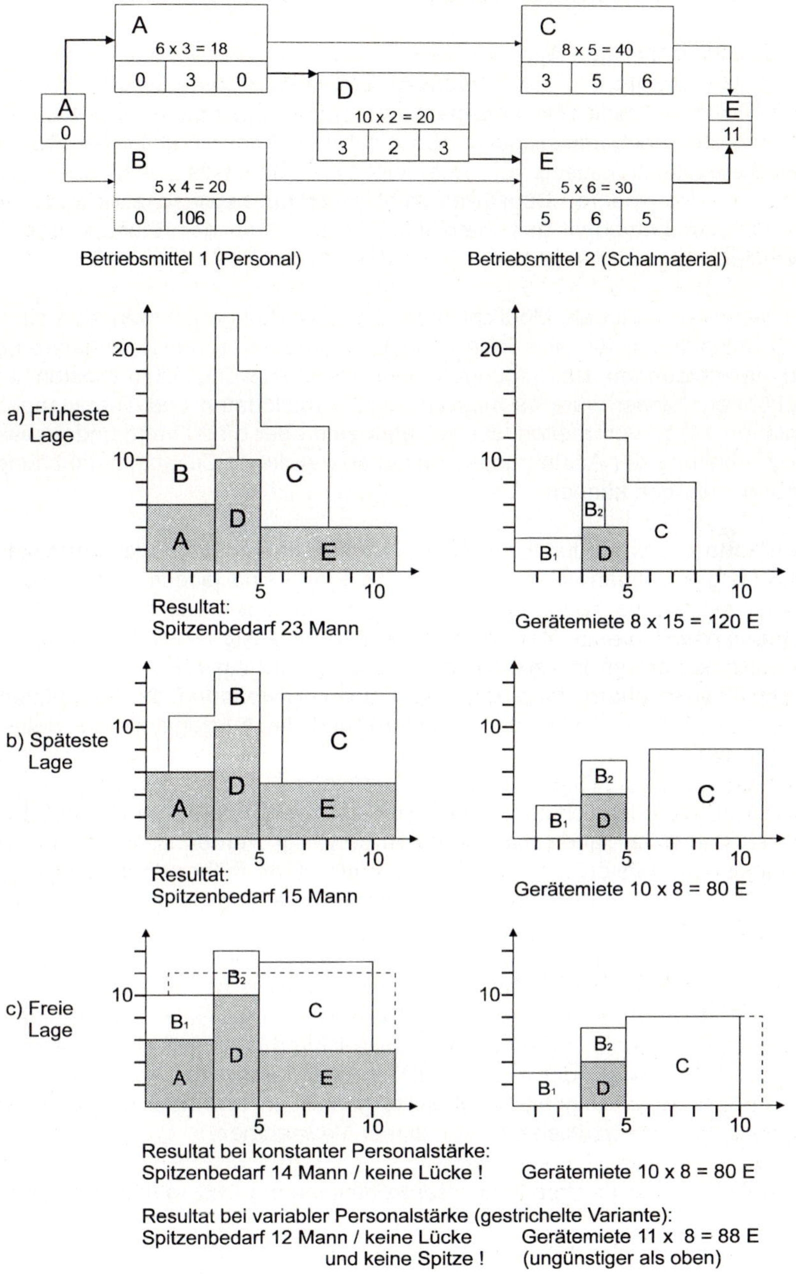

Bild 5.14 a Berechneter Netzplan mit den Vorgängen A bis E und Angaben des Personalbedarfs.
b-d Ganglinie in frühester (a) und spätester Lage (b) sowie optimale Ganglinie (c)

5.6 Projektübergreifende Kapazitätsoptimierung

Aus der Sicht des AN ist der Betriebsmitteleinsatz für das einzelne Projekt oft außer zur Erfüllung von vertraglichen Verpflichtungen weitgehend uninteressant, da der Unternehmer das höherrangige Ziel verfolgen muß, seine Kapazitäten *insgesamt* gleichmäßig und möglichst hoch auszulasten. Was nützt (vor allem bei kleineren Projekten) ein optimaler Betriebsmitteleinsatz auf einer einzelnen Baustelle, wenn das gleiche Betriebsmittel auf den anderen Baustellen nicht gleich gut bewirtschaftet wird? Vom Nutzen des Gesamtbetriebes aus betrachtet sollte stets der Einsatz der Engpaß-Betriebsmittel *übergeordnet geplant und gesteuert* werden.

Die NPT bietet hierfür ideale Möglichkeiten. Dabei wird angenommen, daß die Netzpläne zur Terminplanung für eine Reihe von Bauvorhaben ohnehin vorhanden sind, so daß die nachfolgenden Überlegungen ohne nennenswerte Zusatzkosten angestellt werden können. Sicher wäre es möglich, auch Projektdaten und Terminangaben aus Balkenplänen mit zu verarbeiten. Diese Daten sind aber oft zu vage und gewährleisten nicht die Einhaltung der Ausführungstermine, so daß keine Zusatzuntersuchungen darauf aufgebaut werden können.

Probleme können sich dadurch ergeben, daß von einem Netz- oder Terminplan in einen anderen gesprungen werden muß. Diese Pläne sind jedoch nicht gleich gut und nicht gleich aktuell. Es bedarf sicher einer sehr tüchtigen und fortgeschrittenen Projektsteuerung, damit dieses Instrument wirklich zuverlässig arbeitet. Derartige Projekte befinden sich außerdem in verschiedenen Stadien der Abwicklung und haben unterschiedliche Projektdauern. Man kann aber unter Anwendung der Teilnetztechnik (s. 4.8) erreichen, daß die Daten der Netzpläne und die Auszüge für die Betriebsmittel übereinstimmen.

In einem bei [6] veröffentlichten Beispiel wurde für den Baggereinsatz auf 6 Baustellen gezeigt, daß diese Aufgaben mit 3 Geräten bewältigt werden konnten, wo man ohne NPT sicherlich bedenkenlos 4 eingesetzt hätte. Eine höhere Kapazitätsauslastung rechtfertigt eine solide und zuverlässige Arbeitsvorbereitung und deren Kosten.

Natürlich müssen projektübergreifende Festlegungen für ein Betriebsmittel, die zunächst die Ausnutzung von Pufferzeiten, darüber hinaus aber auch die Verschiebung kritischer Vorgänge ohne Pufferzeit zur Folge haben, in die Netz- und Terminpläne eingebaut werden, damit die Projektleitungen hinreichend informiert sind. Theoretisch sind diese Dinge zwar gelöst oder aus der NPT heraus lösbar, die Anforderungen an das Niveau und die Zuverlässigkeit der Projektorganisation sind aber besonders hoch, allerdings auch der wirtschaftliche Nutzen dieser Maßnahmen.

Die Arbeitstechnik für übergreifende Kapazitätsplanung und -optimierung enthält Bild 5.15:

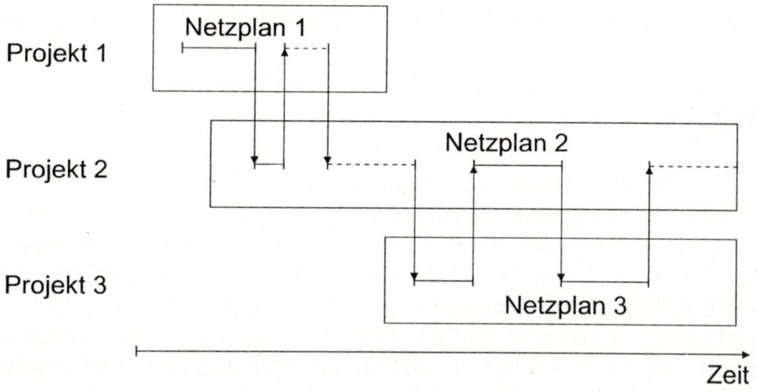

Bild 5.15 Einsatz des gleichen Betriebsmittels in mehreren Projekten: kritische Vorgänge ausgezogen, unkritische Vorgänge gestrichelt.

5.7 Zusammenfassung

Die dargelegten Untersuchungen belegen, daß die Kapazitätsplanung und -optimierung mit verhältnismäßig bescheidenen Zusatzüberlegungen über die Terminplanung hinaus durchgeführt werden kann und wichtige Informationen für den verbesserten Kapazitätseinsatz liefert. In jedem Falle sind die daraus entstehenden ökonomischen Vorteile erst nutzbar, wenn im Betrieb eine Terminplanung mit hoher Zuverlässigkeit vorhanden ist. Der Nutzen dieser Methoden und Techniken zeigt sich in kürzeren Bauzeiten und bessere Kapazitätsauslastung ohne die Bereitstellung zusätzlicher Betriebsmittel.

Das Bild 5.15 legt eine Multiprojektplanung zur konsequenten Kapazitätsauslastung nahe: Jedes Projekt (Teilprojekt wird mit der gleichen Genauigkeit und Intensität mit NPT geplant. Das (oder die) gleiche (n) BM wird (werden) gekennzeichnet und projektübergreifend eingesetzt bzw. geführt. Natürlich muß sichergestellt sein, daß die Vorgangsbezeichnungen nicht mehrfach verwendet sind (so daß jeder Vorgang genau einem Projekt angehört und wieder auffindbar ist). Mehrere parallele Kleinprojekte sind als ein Großprojekt zu verstehen und zu handhaben.

Die bestehenden Möglichkeiten werden in der Bauwirtschaft bisher nicht hinreichend genutzt.

6 Kostenplanung und Kostenkontrolle mit Netzplänen

6.1 Einführung

Für die umfassende Steuerung großer Bauvorhaben reicht in der Regel die bloße Terminplanung, -überwachung und -fortschreibung nicht aus, da diese nicht alle Aspekte der Projektabwicklung erfassen und prognostizieren. Vielmehr sollte eine zusätzliche Kostenplanung und -fortschreibung auf Basis der vorher festgelegten Termine Aufschluß über die zeitliche Verteilung der Projektkosten geben. Ihre Kenntnis ist vor allem für die finanzierende Stelle von großem Interesse: Sie liefert die Grundlage zur Budgetplanung und läßt erkennen, bis zu welchem Zeitpunkt das vorhandene Eigenkapital ausreicht bzw. wann und in welcher Höhe Fremdmittel zu beschaffen sind und welche Finanzierungskosten dadurch entstehen werden.

Für den Auftragnehmer gilt es, die Einzahlungen und Auszahlungen gegenüberzustellen, die an den Baufortschritt gebunden sind. Darüber hinaus führt die Überlagerung der Einnahmeganglinien aller Baustellen zu einer Liquiditätsplanung für das gesamte Unternehmen. Bei der Ausgabenprognose findet neben den direkten Kosten auch die Verteilung der variablen Kosten über der Bauzeit der einzelnen Projekte Berücksichtigung.

6.2 Verfahrensweise

Die Vorgänge des Terminplanes werden als "Kostenträger" aufgefaßt. Die Projektkosten müssen daher möglichst exakt den einzelnen Vorgängen zugeordnet werden. Daraus ergibt sich im zweiten Schritt die *zeitliche* Kostenverteilung aller Vorgänge eines Projektes aufgrund ihrer terminlichen Fixierung.

Die NPT eignet sich für diese Aufgabe besonders gut, weil sie erstens für alle nicht kritischen Vorgänge eine früheste und eine späteste zeitliche Lage als Grenzlage angibt und weil zweitens die Terminplanung während des Projektablaufes häufig kontrolliert wird. Der nicht unerhebliche Arbeitsaufwand für die Kostenplanung läßt sich durch Einsatz von EDV-Programmen erheblich reduzieren.

6.2.1 Die sachliche Kostenzuweisung

Für die Zuordnung der Kosten zu den Vorgängen ist maßgebend, auf welcher Planungsebene bzw. in welchem Stadium die Kosten- oder Budgetplanung durchgeführt wird:

1. Im Planungsstadium ist lediglich ein Übersichtsnetzplan vorhanden. Die Kosten werden mit Hilfe von Kennzahlen (umbauter Raum, Gebäudefläche, installierte Heizleistung etc.) und statistischen Kostendaten aus vorangegangenen Bauvorhaben ähnlicher Art grob geschätzt. Folglich wird die Kostenplanung zunächst nur grobe Anhaltswerte für die zeitliche Kostenverteilung liefern.

2. Im Ausschreibungsstadium wird vielleicht schon ein detaillierterer Netzplan aufgestellt sein, für den es Mengenschätzungen und Kostenschätzungen gibt. Auch diese Daten haben noch provisorischen Charakter, sind aber schon erheblich zuverlässiger als zuvor.

3. Im Ausführungsstadium schließlich werden zur Berechnung der Vorgangskosten die tatsächlichen Mengenansätze der Vorgänge des Ausführungsnetzplanes mit den tatsächlichen Einheitspreisen der Auftragnehmer bewertet; allerdings bestehen weiterhin einige Unsicherheiten in der Genauigkeit, vor allem bei den Mengen, manchmal aber auch bei den Einheitspreisen (Nachträge liegen noch nicht vor).

Für die praktische Arbeit ist von Nachteil, daß die Gliederung des Angebotes anderen Gesichtspunkten folgt als die des Netzplanes. Die Positionen des LV ergeben sich durch die Zusammenfassung gleicher Leistungen, während die Vorgänge des Netzplanes technisch und kapazitiv bedingte Einheiten darstellen. Folglich müssen in einer *Mischkostenbildung* (bzw. Mischpreisbildung) die Positionskosten in die Kosten der Vorgänge überführt werden; dabei können hinsichtlich der Kosten die vier Grundfälle von Bild 4.2 auftreten:

1. Die Kosten einer LV-Position und eines Vorgangs stimmen vollkommen überein (trivialer Fall, selten).

2. Die Kosten einer LV-Position müssen entsprechend ihrer Entstehung auf mehrere Vorgänge des Netzplans aufgeteilt werden, z.B.

Aus 5 m^3 Stahlbeton (komplett) werden	Vorgang A	"Einschalen"	[m^2],
	Vorgang B	"Bewehren"	[t],
	Vorgang C	"Betonieren"	[m^3],
	Vorgang D	"Ausschalen"	[m^2].

3. Die Kosten mehrerer LV-Positionen können in einem Vorgang zusammengefaßt werden, z.B. bei Grund- und Zulagepositionen.

4. Die Kosten mehrerer LV-Positionen werden in mehrere Vorgänge in unterschiedlichen Anteilen erfaßt (allgemeiner Fall). Während in den vorausgehenden Fällen durch Summenkontrollen stets die Richtigkeit augenfällig war, muß in diesem Falle für jede beteiligte Position eine Mengen- oder Geldbuchführung durchgeführt werden, um nichts zu vergessen oder um notwendige Abweichungen vom eigentlichen Programm durch die abschließende Summenkontrolle zu erkennen.

Im ersten Fall erübrigt sich eine Mischkostenberechnung, im zweiten müssen die Kosten der Positionen auf die in ihnen enthaltenen Vorgänge aufgeteilt werden, während bei 3. die Vorgangskosten aus den Einzelpositionen addiert werden. Die Genauigkeit der Kostenzuweisung hängt insbesondere im vierten Fall von der detaillierten Kenntnis der Bauwerks- und von guten technischen Informationen ab. Bei anspruchsvollen Projekten sollte für jeden Vorgang ein Datenblatt als Informationsträger existieren, das bei neuen Informationen geändert bzw. zuverlässig kontrolliert werden kann. Die "Mischpreisbildung" sollte von einem Mitarbeiter übernommen werden, der zuvor bei der Aufstellung des Netzplanes mitgewirkt hat und den geplanten Ablauf genau kennt.

Gewisse Kosten, die sich keinem Vorgang sachlich zuordnen lassen, können bei der zeitlichen Kostenverteilung ebenfalls berücksichtigt werden. Kontrolle und Abschluß der Mischpreisbildung müssen zeigen, daß die Summe aller Projektkosten gleich der Summe aller Vorgangskosten ist.

6.2.2 Die zeitliche Kostenzuordnung

Da der Zeitpunkt der Kostenentstehung eines Vorgangs je nach Gewerkzeiten unterschiedlich verlaufen kann und da nicht vorgangsgebundene Kosten auftreten können, muß nach der Mischpreisbildung in einem zweiten Schritt die zeitliche Kostenentwicklung für jeden Vorgang individuell festgelegt werden. Bei systematischer Betrachtung lassen sich alle in der Praxis auftretenden Kostenarten auf vier Grundfälle zurückführen:

Vorgänge mit leistungsproportionalen Kosten

Die Kosten entstehen proportional zur Leistungserstellung eines Vorganges mit oder ohne zeitliche Verzögerung. Sie werden daher auf die ZE des Vorgangs umgelegt. Sicherheitseinbehalte auf Abschlagsrechnungen können ggf. abgesetzt werden. Die Zeitverschiebung ist durch die Dauer von Aufmaß, Rechnungslegung und Rechnungsprüfung bedingt und kann für jedes Gewerk oder jeden Vorgang speziell festgelegt werden.

Vorgänge mit Kosten in regelmäßigen Intervallen

Dieser Zuordnungstyp wird gewählt, wenn die Kosten in mehreren Raten entstehen, die jeweils regelmäßig zu bestimmten an die Vorgänge gebundenen Zeitpunkten mit oder ohne zeitliche Verzögerung zu verrechnen sind. Im Grenzfall kann es sich um eine einzige Rate zu handeln, deren Fälligkeit an Vorgangsanfang oder -ende geknüpft ist. Diese Variante berücksichtigt die Kosten von Gewerken, bei denen ganz bestimmte Zahlungsmerkmale bezogen auf den Leistungsstand vereinbart werden.

Termingebundene Kosten

Die Entstehung solcher Kosten ist an definierte Termine gebunden, die entweder an die Fertigstellung eines oder mehrerer Vorgänge (Meilensteine) gekoppelt oder aber nach dem Projektkalender fest vorgegeben sind. Dabei ist vor allem an Schlußrechnungen gedacht, die erst bezahlt werden, wenn alle Vorgänge eines Gewerkes abgeschlossen sind und die für Aufmaß, Rechnungsstellung, Abnahme und Rechnungsprüfung notwendigen Formalitäten abgewickelt sind. Auch Kosten, die aufgrund vertraglicher Regelungen zu festen Kalenderterminen anfallen (z.B. Gebühren, Pachten etc.), werden auf diese Weise erfaßt (ggf. mit Verzögerungen).

Zeitproportionale vorgangsunabhängige Kosten

Bestimmte Kosten entstehen innerhalb von Zeitintervallen, die sowohl von Vorgangs- als auch von Kalenderdaten begrenzt sein können. Dazu zählen Geschäftskosten, Gemeinkosten, Mieten, Kapitalkosten, Honorare u.a., die von Beginn eines bis zum Ende eines anderen Vorgangs bzw. zwischen zwei festen Kalenderterminen verrechnet werden müssen. Im Fall der Anbindung an Vorgänge sind auch bei dieser Zuordnungsvariante Zeitverschiebungen zwischen Ausführung und Kostenentstehung zu berücksichtigen.

6.2.3 Die Kostentabelle

Wenn wir alle vier Kostentypen mit oder ohne Verzögerung dazu benutzen, die *Tageskosten* (auch Wochen- oder Monatskosten) zu ermitteln, dann gibt es dafür stets die

- Kosten für die frühesten Vorgangslage und die
- Kosten für die späteste Vorgangslage.

Als nächstes wollen wir die Kosten für die Projektzeit kumulieren, und zwar die frühesten und die spätesten jeweils für sich. Ohne Verzinsung ergibt sich in beiden Fällen die gleiche Endsumme. Wird aber eine Verzinsung eingesetzt, so werden die Kosten der frühesten Lage zu einem höheren Gesamtwert führen als die der spätesten Lage. Die Kostentabelle erhält folgenden Aufbau:

Tab. 6.1 Zeitliche Verteilung der Vorgangskosten über die Projektzeit.

Zeitpunkt	Früheste Kosten absolut	Späteste Kosten absolut	Früheste Kosten bis Zeitpunkt	Späteste Kosten bis Zeitpunkt
1. AT				
2. AT				
3. AT				
4. AT				

6.2.4 Kostenganglinie und Kostensummenlinie

Die zweite und dritte Spalte der Kostentabelle enthalten die Tages-, Wochen- oder Monatskosten und können grafisch als *Kostenganglinien* für die früheste oder späteste zeitliche Lage dargestellt werden. Dies ist jedoch kaum von Interesse, weil das Kapital eher in Monats- oder Quartalsraten beschafft wird.

Die beiden letzten Spalten der Tabelle 6.1 sind viel interessanter, weil sie die erwarteten Projektkosten in frühester und spätester Lage zu jedem Zeitpunkt der Projektdauer prognostizieren. Ihre grafische Darstellung ergeben die Kostensummenlinien für die früheste und späteste zeitliche Lage. Bei wenigen kritischen Vorgängen und großen Pufferzeiten unterscheiden sich die beiden Summenlinien stärker als im entgegengesetzten Fall. Die Kostensummenlinie für die frühestmögliche Leistungserstellung liegt stets über der Summenlinie für die späteste Ausführung. Beide Kostensummenlinien haben S-förmigen Verlauf zwischen einem gemeinsamen Anfangs- und Endpunkt.

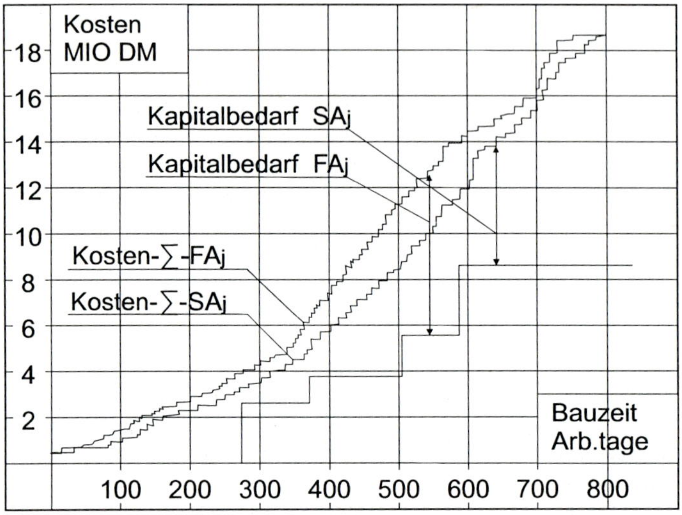

Bild 6.1 Kostensummenlinien für FA und SA sowie Einnahmesummenlinie.

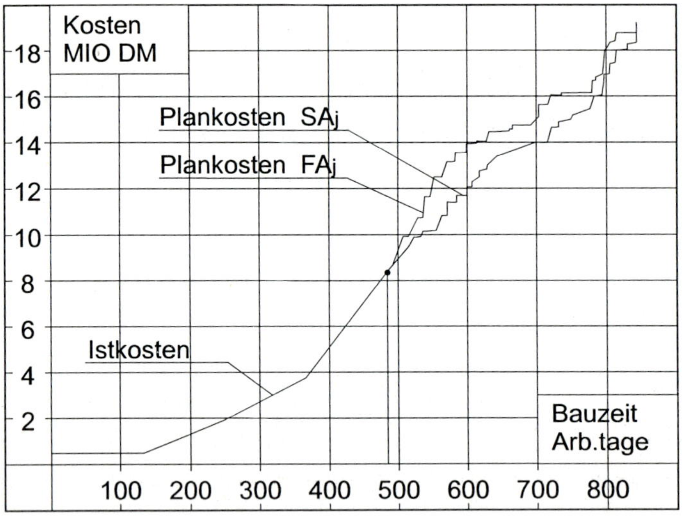

Bild 6.2 Tatsächlicher Kostenanfall bis zum Kontrollgang (Stichtag) und Plankostensummenlinien.

Die stets auf Baustellen zu beobachtende Konzentration der Leistungserstellung zwischen der Anlauf- und der Auslaufphase bewirkt einen überproportionalen Kostenanstieg im mittleren Bereich. Ein besonders starker Kostenschub ergibt sich oft nach der Projektfertigstellung, wenn nach der Abnahme eine größere Zahl von Schlußrechnungen fällig wird. Weiterhin muß die Kostensummenlinie nicht zwangsläufig im Koordinatenursprung beginnen, da bei manchen Bauvorhaben bereits lange vor Arbeitsaufnahme erhebliche Aufwendungen entstanden sind (z.B. Vorarbeitskosten, Grunderwerbskosten usw.).

6.2.5 Erlöse und Einnahmen

Der laufend ansteigenden Ausgabensumme stehen Einnahmen gegenüber, die sich beim Auftraggeber durch zugeflossene Mittel und beim Auftragnehmer durch den Eingang von Abschlagszahlungen ergeben. Erlöse und Einnahmen lassen sich graphisch als Treppenlinien darstellen, die in günstigen Fällen die Kostensummenlinien erreichen oder übersteigen können (Bild 6.1).

6.2.6 Die Ermittlung der Kapitalkosten

Die Differenz der Ordinaten von Ausgabensummenlinie und Einnahmentreppenlinie stellt den am jeweiligen Stichtag zur Vorfinanzierung des Projektes notwendigen Betrag dar, der auf dem Kapitalmarkt aufzunehmen und zu verzinsen ist. Die Kostensummenlinie erhöht sich um die Zinskosten bis zum jeweiligen Zeitpunkt. Da ferner die Summenlinien der frühesten und der spätesten zeitlichen Lage unterschiedlich hohe Zinskosten bewirken, laufen beide bei Berücksichtigung der Verzinsung am Projektende nicht mehr in einem Punkt zusammen.

Wegen des beträchtlichen numerischen Aufwandes sollte bei der Kostenplanung, zumindest aber bei Einbeziehung der Kapitalkosten, eine EDV-Anlage benutzt werden.

6.3 Kostenfortschreibung und Kostenkontrolle

Mit Fortschreiten des Projektes kann der Genauigkeitsgrad der Kostenplanung dadurch gesteigert werden, indem fortlaufend die Schätzkosten durch die tatsächlichen Kosten ersetzt werden.

Dabei können mehrere Stufen der Planung erforderlich werden, z.B.

- zuerst Schätzkosten nach DIN 276,
- später Schätzkosten mit den voraussichtlichen Mengen und erwarteten EP,
- danach Schätzkosten mit den tatsächlichen Mengen und tatsächlichen EP (nach Vergabe),
- zuletzt tatsächliche Kosten mit den Vertrags-EP nach den tatsächlichen Aufmaßen.

Diese vier Planungsstufen können theoretisch in einem Großprojekt gleichzeitig auftreten, wenn der erste Projektabschnitt schon abgeschlossen ist (einschließlich Abrechnung), der zweite sich in der Ausführung befindet, ein dritter im Vergabestadium und ein vierter in der groben Vorplanung. Dies zeigt, wie wichtig ein flexibles Instrumentarium und eine begleitende Projektsteuerung sein können. Zwar ist eine grobe Einmalplanung manchmal ausreichend als Prognose für Zeit und Kosten, wenn aber die Genauigkeit gesteigert werden soll, muß auch entsprechend intensiver geplant werden.

Natürlich wird jede weitere Kostenplanung von einem neuen Informationsniveau durchgeführt. Eine von Projektbeginn über mehrere Jahre bis zum Projektende sich erstrekkende Kostenplanung oder Budgetprognose mit den exakt gleichen Ablaufdaten wird es kaum geben. Zu stark sind die Sachzwänge, dieses oder jenes vorzuziehen oder zurückzulassen, oder der Einfluß von Preisveränderungen.

Wenn sich das Zeitgerüst (der Netzplan) eines Projektes ändert, was häufiger geschieht, z.B. bei fortschreitender Detailierung, dann stimmt die Mischpreisbildung nicht mehr mit dem Netzplan überein. Entweder benutzt man den ersten Grobnetzplan für die Kostenüberwachung weiter oder man muß die Kosten so gliedern wie die Zeitplanung. Während Zeitkontrollen etwa 14tägig bis monatlich benötigt werden, genügt für die Budgetplanung bzw. Kostenkontrolle ein Zeitabstand von 3 bis 12 Monaten. Dem kann mit jeweils angemessenen Arbeitsumfang Rechnung getragen werden, z.B. durch jährlich einmalige Anpassung der Mischpreisbildung an den aktualisierten Netzplan.

Besonders eindrucksvoll ist stets die Gegenüberstellung von Plankosten und Ist-Kosten aus der Projektbuchhaltung, z.B. an jedem Monatsersten. Sollte diese Projektsummenlinie flacher verlaufen als die Prognosewerte für die späteste (!) Ausführung, so ist nicht zwangsläufig ein verspäteter Projektablauf die Ursache, sondern oft ein verspäteter Mittelabfluß. Bei pünktlichem Projektverlauf sind dann lediglich die Verzögerungsfristen entsprechend anzupassen.

Mit Bild 6.2 soll gezeigt werden, daß man die Kostenvergangenheit und die Kostenzukunft jederzeit miteinander verbinden kann, wenn man nach dem zuvor beschriebenen Modell arbeitet: Die Ist-Kostensummenlinie existiert bis zum gegenwärtigen Zeitpunkt und erhält ab dann die Prognose für die früheste (optimistische) und späteste (pessimistische) zeitliche Lage der Vorgänge.

6.4 Praktische Hinweise

Das hier vorgestellte, in mehreren Schritten ablaufende Kostenplanungsverfahren hat sich bei mehreren Großprojekten bewährt. Sein Aussagewert wird unmittelbar von der Sorgfalt beeinflußt, die auf die sachliche Zuweisung der Kosten zu den einzelnen Vorgängen und auf die Feststellung der Kostenverrechnungsart aufgewandt wird. Beides sind Ingenieuraufgaben, die von Hilfskräften nicht zuverlässig gelöst werden können. Dagegen wird für die darauf folgende numerische Arbeit die Zuhilfenahme der Datenverarbeitung empfohlen, zumal die notwendige Software als zusätzlicher Baustein einem vorhandenen Programm zur Netzplanberechnung angegliedert werden kann.

Das Ergebnis der Kostenplanung kann u.U. Rückwirkungen auf die Terminplanung haben: Stellt man nämlich fest, daß der für frühestmögliche Ausführung der Vorgänge notwendige Finanzbedarf nicht bereitgestellt werden kann, so muß eine spätere Leistungserstellung geplant werden. Man würde dann zunächst die Vorgänge mit hohen Kosten und langen Pufferzeiten so spät wie möglich ausführen und erst danach Bauzeitverlängerungen in Betracht ziehen.

7 Die Zeit-Kosten-Optimierung von Netzplänen

7.1 Allgemeines und Begriffe

Der Zusammenhang zwischen Zeit und Kosten, d.h. zwischen der *Projektdauer* und den *Gesamtkosten* eines Projektes soll in bestimmter Hinsicht (s. Abschnitt 7.1.4) "optimal" gestaltet werden. Dazu ist es erforderlich, die normale Projektdauer (unter Verwendung der Normaldauer aller Vorgänge) zu ermitteln, und mit der extrem kurzen Projektdauer (die sich unter Verwendung aller extrem kurzen Vorgangsdauern ergibt) zu vergleichen. Nur wenn diese beiden Projektdauern eine nicht zu geringe Differenz aufweisen, kann eine sinnvolle Zeit-Kosten-Optimierung durchgeführt werden.

Alle Methoden der Zeit-Kosten-Optimierung benutzen den Zusammenhang von Zeit und Kosten bei den einzelnen Vorgängen, um darauf Aussagen für das gesamte Projekt aufzubauen.

7.1.1 Definition der Kostenfunktion

Unter Kostenfunktion versteht man den Zusammenhang zwischen der Normaldauer eines Vorgangs, der Minimaldauer des gleichen Vorgangs sowie seinen direkten Beschleunigungskosten, um von der Normaldauer auf die Minimaldauer zu kommen.

Dabei ist es gleichgültig, ob für den Kostenverlauf tatsächlich eine "Funktion" angegeben werden kann und ob der Zusammenhang zwischen der maximalen (d.h. normalen) und der minimalen Dauer des Vorgangs kontinuierlich oder nur abschnitts- bzw. punktweise gegeben ist. Wenn die Punktepaare von Zeit und Beschleunigungskosten eines Vorgangs im Koordinatensystem dargestellt werden, entsteht eine grafische Darstellung der Kostenfunktionen.

Beachte: Durch eine Vorgangsverkürzung entstehen höhere Vorgangskosten!

Alle Kostenfunktionen entstehen aus Schätzwerten (Erwartungswerten), so daß derartige Aufgaben strenggenommen als stochastische Probleme behandelt werden müßten. Alle bekannt gewordenen Optimierungsmethoden beruhen jedoch auf deterministischen Daten bzw. Kostenfunktionen. Dies kann aber toleriert werden, wenn man prinzipiell das unsichere Datenmaterial der Schätzungen nicht als endgültig ansieht und bei neuen Erkenntnissen wieder Aktualisierungen vornimmt.

Beispiele für Kostenfunktionen

Der Normalfall (a) kann erreicht werden durch Mehrarbeit (Überstunden oder Verstärkungen), wobei ausgehend von der Normaldauer des Vorgangs die Kosten (K) linear ansteigen bis zur kürzest möglichen Dauer. Die wichtigste Größe ist der Anstieg der Kosten je Zeiteinheit (ZE). Geringfügige Abweichungen von der Geraden können ohne weiteres vernachlässigt werden, da alle Werte auf Schätzungen beruhen, die von vornherein durch Unsicherheit und Ungenauigkeit belastet sind. Der Fall (b) kann auf (a) zurückgeführt werden, indem der Vorgang in drei Teilvorgänge untergliedert wird. Bild 7.1 gibt einige denkbare Kostenfunktionen wieder.

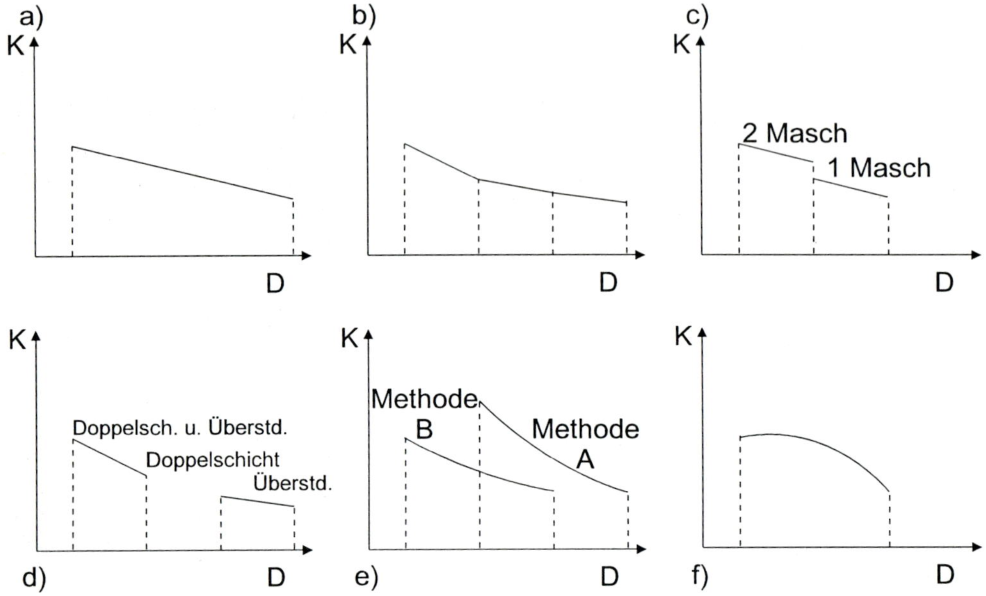

Bild 7.1 Die Grundtypen der im Bauwesen gebräuchlichen Kostenfunktionen.

Bei (c) kann man sich vorstellen, daß zunächst mit einer Maschine in Überstunden gearbeitet wird. Wenn der Einsatz nicht mehr weiter erhöht werden kann, muß ggf. eine zweite Maschine antransportiert und aufgebaut werden, wodurch ein Sprung in der Kostenfunktion entsteht. Der danach eintretende Kostenanstieg kann je nach Situation steiler oder flacher sein als am Anfang.

Besonders typisch für den Baubetrieb ist der Fall (d) mit einer Unstetigkeit in der Kostenfunktion. Eine gewisse Vorgangskürzung im rechten Teil läßt sich durch Mehrkosten für Überstunden erreichen. Dabei wird man auf eine natürliche Grenze stoßen bei etwa 12 Arbeitsstunden täglich. Die Einrichtung einer zweiten Schicht ist aber erst ab 2 x 8 = 16 täglichen Arbeitsstunden wirtschaftlich vertretbar, so daß die Kostenfunktion zwischen dem Wert für eine 12- bzw. 16-stündige Arbeitszeit nicht definiert ist. Nach Einrichten einer Doppelschicht ist wiederum eine Verlängerung der täglichen Arbeitszeit bis auf 2 x 11 = 22 Stunden möglich.

Im Fall (e) stehen zwei Ausführungsmethoden zur Verfügung. Bei Methode B werden leistungsfähigere Maschinen eingesetzt, die aber erst für eine kürzere Vorgangsdauer, als der kostengünstigeren Normaldauer des Vorgangs entspricht, brauchbar sind.

Der Fall (f) mit einer sog. "konkaven" Kostenfunktion ist nur schwer vorstellbar. Es ist unwahrscheinlich, daß eine geringe Vorgangsbeschleunigung hohe Kosten je ZE erfordert, eine größere dagegen weniger. Es ist aber nicht auszuschließen, daß auch derartige Kostenfunktionen in der Realität existieren.

Ferner können auch Kostenfunktionen vorkommen, die nur punktweise definiert sind (Bild 7.2). Daneben sind diverse Mischformen denkbar. In allen Fällen von (c) bis (f) ergibt sich das Problem, daß eine geringe Beschleunigung (in gewissen Bereichen der Kostenfunktionen) zu hohen Kosten führt, während stärkere Beschleunigungen günstigere Kosten je ZE erwarten lassen. Die weiteren Ausführungen beschränken sich daher außer in dem Beispiel von Bild 7.2 auf lineare Kostenfunktionen vom Typ (a) mit dem möglichen Sonderfall gemäß Typ (b).

Voraussetzungen für die Verwendung der Kostenfunktionen:

1. Die Kostenfunktionen aller Vorgänge müssen voneinander unabhängig sein.
   Das muß in der Praxis nicht zwangsläufig der Fall ist. Wenn beispielsweise ein Turmdrehkran für Schalungs- und Bewehrungsarbeiten am gleichen Bauteil eingesetzt wird, so müssen sich bei Überstunden unterschiedlich hohe Mehrkosten ergeben, wenn der Kran Überstunden für die Beschleunigung nur einer oder von beiden Arbeiten zugleich leistet. Die Kostenfunktionen dieser Vorgänge wären nicht unabhängig. Trotzdem muß die Unabhängigkeit angenommen werden, auch wenn dies mit der Realität nicht übereinstimmt.

2. Jeder ganzzahlige Wert zwischen der Normaldauer und der extrem kurzen Dauer eines Vorgangs ist frei wählbar.
   Diese Voraussetzung ist beispielsweise verletzt, wenn die Beschleunigung eines Vorganges durch Einsatz von mehr Arbeitskräften erreicht werden soll. Wenn z.B. eine zusätzliche Arbeitskraft zwei Tage Verkürzung bewirkt, So wäre für 1 Tag Verkürzung rein rechnerisch 1/2 Mann mehr erforderlich. Durch die Forderung von *ganzzahligen* Betriebsmitteleinheiten entstehen gewisse Ungenauigkeiten, die aus formalen Gründen in Kauf genommen werden müssen.

3. Der Anstieg der Kostenfunktion aller Vorgänge ist linear oder konvex und stetig.
   Alle bisher bekannten Verfahren gehen von dieser Voraussetzung aus.
   Damit scheiden die in Bild 7.1 enthaltenen Fälle c bis f bei der weiteren Behandlung aus (Die Auswirkung einer Unstetigkeit auf die Projektkostenkurve wird kurz an dem Beispiel 2 von Bild 7.2 demonstriert).

4. Der Netzplan darf nur gewisse Anordnungsbeziehungen als Minimalbedingungen enthalten. Netzplanmaschen *einfacher Art* können durch Ersatzvorgänge erfaßt werden (Abschnitt 7.4).

7.1.2 Definition der "Projektkostenkurve"

Während jeder Vorgang seine charakteristische Kostenfunktion haben kann, gibt es für jedes Projekt nur *eine* Projektkostenkurve. Darunter versteht man die Darstellung der direkten Beschleunigungskosten der Vorgänge über der Projektdauer.

Die Projektkostenkurve ist definiert zwischen dem normalen und dem extrem kurzen (d.h. minimalen) Projektende als Begrenzung. Per Definition sind die Beschleunigungskosten für die *Normaldauer* eines Projektes gleich Null. Sie sind am größten für die Minimaldauer. Die Projektkostenkurve kann unstetig sein, wenn die Kostenfunktionen Unstetigkeiten aufweisen.

Jede Projektkostenkurve kann konstruiert werden, indem ausgehend von dem extrem kurzen Netzplan die Vorgangsdauern schrittweise bis zur Normaldauer gedehnt werden oder, indem ausgehend vom Normalnetzplan die Vorgangsdauern Schritt um Schritt bis zur Minimaldauer reduziert werden. Die Schrittweite beträgt dabei 1 ZE bzw. in den linearen Abschnitten der Projektkostenkurve ein Vielfaches, da nur die *Knickpunkte* berechnet werden müssen.

Beispiel 1 zur Ermittlung einer Projektkostenkurve

Zur Demonstration des Zusammenhanges zwischen den Kostenfunktionen der Vorgänge und der Projektkostenkurve wird ein Netzplan mit drei Vorgängen gewählt (Bild. 7.2). Die Kostenfunktionen der Vorgänge sind unterschiedlich. Es sind eine stetige und zwei konvexe Kostenfunktionen gegeben.

Die Projektkostenkurve soll ausgehend von den extrem kurzen Vorgangsdauern ermittelt werden. Die Inanspruchnahme *aller* Verkürzungen würde auf eine Projektdauer (PD) von 15 ZE führen mit Beschleunigungskosten von 2260 GE insgesamt. Eine Überprüfung, ob alle Beschleunigungen wirklich sinnvoll sind, zeigt, daß der Vorgang 3 nicht in 10 ZE ausgeführt werden muß, da die Vorgänge 1 und 2 mindestens 15 ZE erfordern. Deshalb kann Vorgang 3 um 5 ZE gedehnt werden, was Kosten in Höhe von 5 x 80 = 400 GE erspart. Damit liegen zunächst die beiden Endpunkte der Projektkostenkurve mit den beiden folgenden Koordinatenpaaren fest:

40 ZE / 0 GE
15 ZE / 2260 GE

Weiterhin müssen alle Knickpunkte berechnet werden. Ein Knickpunkt entsteht durch Änderung der Kosten pro ZE. Ursache dafür kann entweder sein, daß die Kostenfunktion eines Vorgangs einen Knick aufweist oder daß für weitere Projektverkürzungen andere Vorgänge kombiniert werden müssen. Im hier vorliegenden Zahlenbeispiel sind drei Rechenschritte erforderlich, beginnend mit der kürzest möglichen Projektdauer:

1. Die Vorgänge 2 und 3 werden um je drei ZE gedehnt (und zwar bis zum Knick in der Kostenfunktion von 3), d.h. PD = 18 ZE und PK = 2260 - 3 x (100 + 80) = 1720 GE.

2. Die Vorgänge 2 und 3 werden um weitere zwei ZE gedehnt (d.h. bis zum Knick bei 2). Damit wird PD = 20 ZE und PK = 1720 - 2 x (100 + 60) = 1400 GE.

3. 2 und 3 werden um je 10 ZE gedehnt, so daß beide auf Normaldauer sind. Damit ist PD = 30 ZE und PK = 1400 - 10 x (50 + 60) = 300 GE.

Zur Probe wird auch die letzte Beschleunigung von 10 ZE bei Vorgang 1 rückgängig gemacht. Damit ist erwartungsgemäß die Normaldauer PD = 40 ZE bei Beschleunigungskosten von 0 erreicht. Aus dieser Untersuchung gewinnen wir die Erkenntnis, daß eine geringe Projektbeschleunigung nicht viel kostet. Je stärker die Beschleunigung wird, desto rascher steigen die Beschleunigungskosten an.

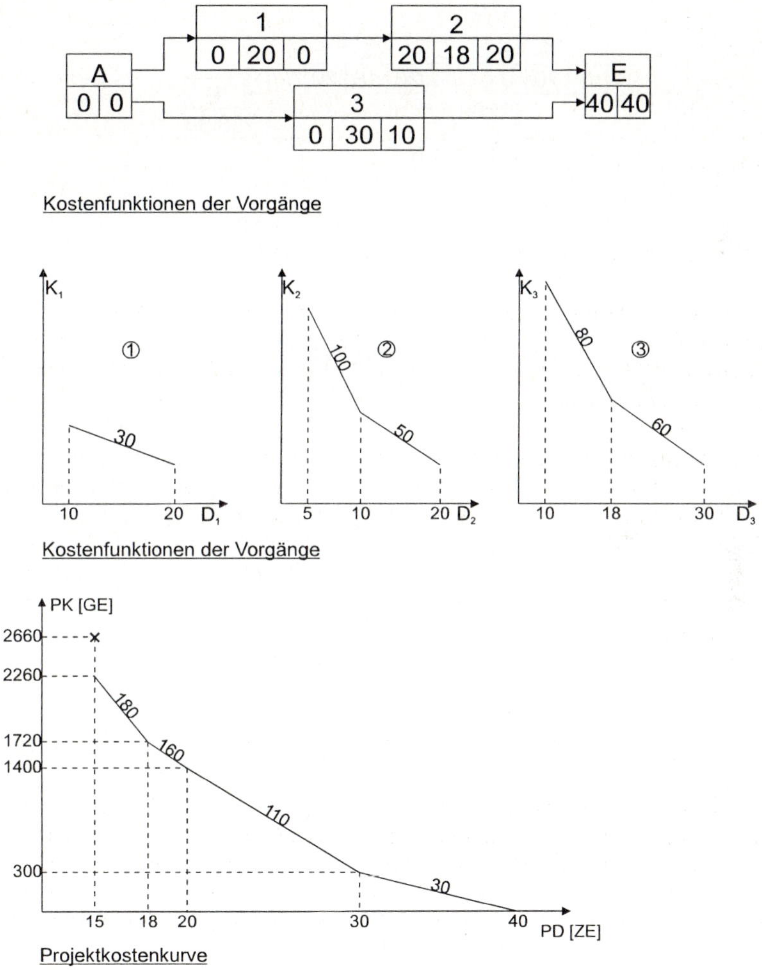

Bild 7.2 Netzplan mit drei Vorgängen (Beispiel 1) zur Ermittlung der Projektkostenkurve.

Beispiel 2 zur Ermittlung einer Projektkostenkurve

In Bild 7.3 wird der gleiche Netzplan mit anderen Vorgangsdauern und anderen Kostenfunktionen zugrunde gelegt. Eine Besonderheit ist dabei die Kostenfunktion des Vorgangs 1, die nur aus den beiden Punkten A und B besteht. Gesucht ist ebenfalls die Projektkostenkurve, die diesmal ausgehend von der Normaldauer durch *Beschleunigung* der einzelnen Vorgänge gebildet werden soll.

Zunächst erfolgt wieder die Überprüfung, ob das Projekt überhaupt beschleunigt werden kann: Die Normaldauer aller Vorgänge liefert 38 ZE Projektdauer (s. Bild 7.3 oben). Die extrem kurze Dauer aller Vorgänge liefert PD = 24 ZE bei Beschleunigungskosten von 1420 GE.

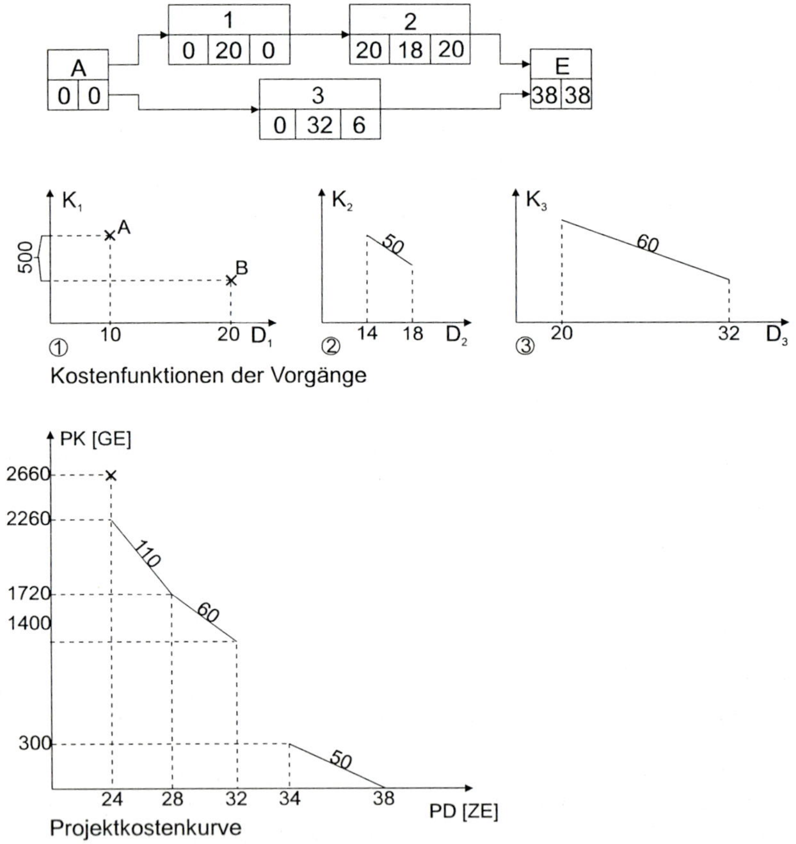

Bild 7.3 Netzplan von Bild 7.2 mit anderen Bewertungen (Vorgangsdauern und Kostenfunktionen) für die Ermittlung einer weiteren Projektkostenkurve (Beispiel 2).

Der unkritische Vorgang 3 kann jedoch von 20 auf 24 gedehnt werden, wodurch die Beschleunigungskosten um 4 x 60 = 240 GE auf 1180 GE zurückgehen. Zwischen den Punkten

38 ZE / 0
24 ZE / 1180 GE

spannt sich die Projektkostenkurve auf. Sie kann in vier Schritten ermittelt werden:

1. Beschleunigung von Vorgang 2 um 4 ZE (dann ist dieser Vorgang erschöpft, d.h. PD = 34 ZE und PK = 4 x 50 = 200 GE.

2. Zur weiteren Beschleunigung muß auf Vorgang 1 zurückgegriffen werden, der jedoch sofort um 10 ZE beschleunigt werden muß; dafür kann aber die Beschleunigung bei 2 wieder aufgehoben werden. Der kritische Weg verlagert sich dadurch von 1 - 2 auf 3. Es ist PD = 32 ZE und PK = 500 GE.

3. Beschleunigung von 3 um 4 ZE, dann wird die Kette 1 - 2 ebenfalls kritisch. PD = 28 ZE, PK = 500 + 4 x 60 = 740 GE.

4. Beschleunigung von 2 und 3 gemeinsam um insgesamt vier weitere ZE. PD = 32, ZE, PK = 740 + 4 x (50 + 60) = 1180 GE.

Zusammenfassung

Mit den beiden Beispielen wird folgendes gezeigt:

1. Trotz gleicher Netzplanstruktur können ganz verschiedene Projektkostenkurven entstehen.

2. Projektkostenkurven werden von Knickpunkt zu Knickpunkt ermittelt.

3. Der Kostenanstieg ändert sich entweder durch Knickpunkte in den Kostenfunktionen oder durch eine andere Zusammensetzung der beteiligten Vorgänge.

4. Unstetigkeiten in den Kostenfunktionen führen zu Unstetigkeiten in der Projektkostenkurve (und können daher nur in Ausnahmefällen zugelassen werden).

5. Projektkostenkurven können entweder ausgehend vom extrem kurzen Netzplan durch Dehnung der verkürzten Vorgänge oder ausgehend vom Netzplan mit Normaldauer durch Beschleunigung der relevanten Vorgänge ermittelt werden.

6. Die direkten Beschleunigungskosten steigen durch die Projektverkürzungen an.

7.1.3 Die Gesamtkostenkurve

Die Gesamtkostenkurve besteht aus der Projektkostenkurve mit allen direkten Beschleunigungskosten (in Abhängigkeit von der Projektzeit), und allen sonstigen *zeitabhängigen* Projektkosten.

Alle konstanten Kostengrößen (z.B. konstante Materialpreise) beeinflussen nur die absolute Höhe der Gesamtkosten, jedoch nicht deren Verlauf.

Nachfolgend ermitteln wir die Gesamtkostenkurve zum Netzplanbeispiel von Bild 7.2 rechnerisch in Form der Tab. 7.1 zwischen den Projektdauern 15 (d.h. extrem kurz) und 40 (d.h. normal bzw. ohne Beschleunigungen). Es wird angenommen, daß die zeitabhängigen Gemeinkosten in dieser Periode konstant bleiben und 80 GE je ZE betragen:

Tab. 7.1 Ermittlung der Gesamtkostenkurve zu Bild 7.2.

PD	15	18	20	30	40
A	2260	1720	1400	300	0
B	0	240	400	1200	2000
A + B	2260	1960	1800	1500	2000

Da bei linearem Anstieg die Summenlinie der zeitabhängigen Gemeinkosten eine Gerade (B) ist, sind die Knickpunkte der Projektkosten Kurve (A) auch die Knickpunkte der Summenlinie beider Kostenarten (A + B). Aus der Tabelle 7.1 ist ersichtlich, daß 30 die kostengünstigste Bauzeit ist.

Wenn ein Auftraggeber eine kürzere Projektdauer von mindestens 28 anstrebt, so kann er dies beispielsweise mit einer Prämie für kürzere Bauzeiten (z.B. unter 24) und eine Strafe für Bauzeiten über 28 erreichen. Nehmen wir einmal an, der Bauherr würde Prämie und Strafe jeweils mit 50 GE je ZE ausschreiben. Dann müssen wir die Rechnung von Tab. 7.1 nochmals durchführen und Werte interpolieren für die Projektdauern 24 und 28 ZE (s. Tab. 7.2).

Tab. 7.2 Erweiterung von Tab. 7.1

PD	15	18	20	24	28	30	40
A	2260	1720	1400	960	520	300	0
B	0	240	400	720	1040	1200	2000
A + B	2260	1960	1800	1680	1560	1500	2000
C	- 450	- 300	- 200	0	0	+ 100	+ 600
A + B + C	1810	1660	1600	1680	1560	1600	2600

Das Minimum der Gesamtkosten stellt sich jetzt bei Bauzeit 28 mit 1560 GE ein. Es zeigt sich aber, daß die Kosten zwischen der Projektdauer 20 und 30 fast gleich groß sind und die Linie A + B + C dort nur geringfügig schwankt. Die Auswertung von Tab. 7.2 ist grafisch nachvollzogen in Bild 7.4.

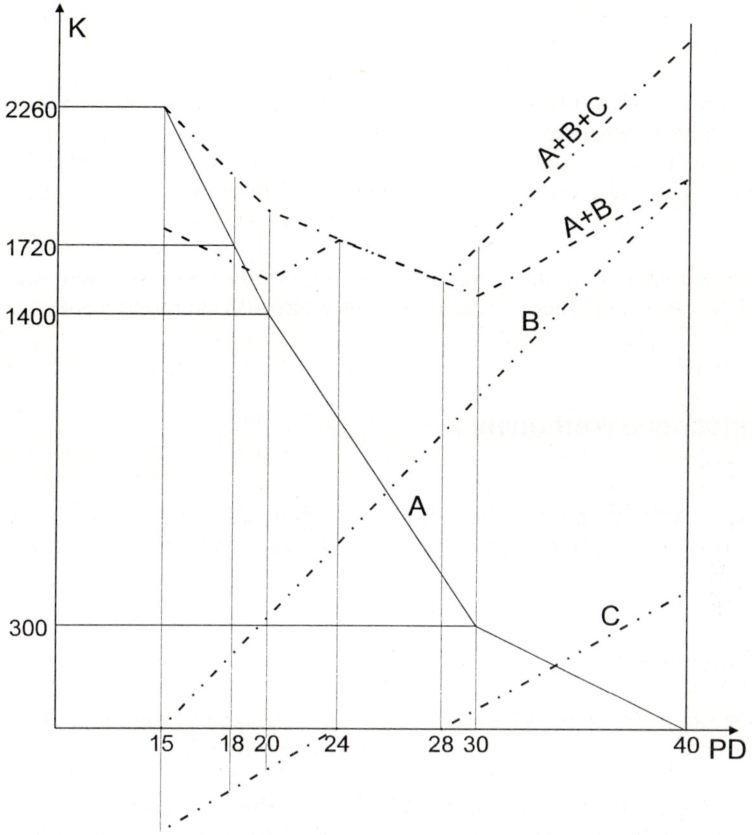

Bild 7.4 Die Entwicklung zweier Gesamtkostenkurven (A + B) und (A + B + C) aus der Projektkostenkurve A von Bild 7.2 unter verschiedenen Annahmen.

7.1.4 Mögliche Problemstellungen bei der Zeit-Kosten-Optimierung

Da zwischen der normalen und der extrem kurzen Projektdauer als Grenzwerte jeder Zwischenwert für die Projektausführung (Bauzeit) gewählt werden kann, sind folgende drei sinnvolle Fragestellungen für die Optimierung:

1. Gesucht ist die absolut kostengünstigste (optimale) Projektdauer unter Berücksichtigung der direkten Beschleunigungskosten, der zeitabhängigen Gemeinkosten sowie von Vertragsstrafen bzw. Prämien usw.

2. Gesucht wird für eine gewünschte vorgegebene Projektdauer zwischen den beiden Grenzwerten die kostengünstigste Ausführung (d.h. welche Vorgänge sind wie stark zu beschleunigen, um das dann mögliche Optimum zu erreichen).

3. Gesucht ist die größtmögliche Bauzeitverkürzung, die mit einem vorgegebenen Geldbetrag für die direkten Beschleunigungskosten zu erreichen ist.

Eine weitere praktische Anwendung kann in der Festlegung von Vertragsstrafen bzw. Prämien bestehen, um einen Unternehmer auf die gewünschte Bauzeit zu bringen. Dies wird dann erreicht, wenn die Gesamtkostenkurve dort ein deutliches Optimum aufweist und nicht einen zu großen optimalen Bereich wie bei (A + B + C) in Bild 7.4 besitzt.

Als Planungsergebnis steht am Ende fest, welcher Geldbetrag insgesamt aufzuwenden ist und welche Vorgangsdauern (insbesondere welche Verkürzungen) erreicht werden müssen.

7.2 Heuristische Methoden

Die einfachste Möglichkeit, die Beziehung zwischen Zeit und Kosten in Netzplänen praktisch zu nutzen, bietet ein heuristisches Verfahren, das im folgenden kurz besprochen wird:

7.2.1 Die Ausgangsdaten

Die Ablaufstruktur eines Projektes ist durch einen *Netzplan* gegeben. Alle Vorgänge sind in "Normaldauer" geschätzt. Die Projektdauer ist ermittelt.

Für alle Vorgänge, die verkürzt werden können, werden die "kürzest mögliche Dauer" sowie die Kosten je ZE Vorgangsbeschleunigung geschätzt. Mit den extrem kurzen Vorgangsdauern wird der Netzplan erneut berechnet, um zu prüfen, ob sich eine kürzere Projektdauer ergibt. Ist das der Fall, so beginnen die in 7.2.2 beschriebenen Verfahrensschritte.

7.2.2 Die Verfahrensschritte

1. Ausgehend vom extrem kurzen Netzplan dehnt man alle Parallelketten zum kritischen Weg so stark, daß sie entweder in Normaldauer auszuführen sind oder kritisch werden. Die Auswahl der Vorgänge ist so zu treffen, daß die *teuersten* Vorgänge zuerst gedehnt werden.

2. Man dehnt den kritischen Weg um jeweils 1 ZE derart, daß die *teuerste* Kombination von Vorgängen des kritischen Weges (insbesondere bei Verzweigungen) zuerst gedehnt wird. Danach sind die Parallelketten ebenfalls in der teuersten Kombination um 1 ZE zu dehnen.

Der Schritt 2 wiederholt sich so lange, bis keine Dehnungsmöglichkeit mehr vorhanden ist. Jeder Schritt liefert ein Wertepaar der Projektkostenkurve. Im Flußdiagramm von Bild 7.5 ist die Methode nochmals zusammengefaßt.

Gelingt es, tatsächlich die jeweils günstigste Kombination zu finden, so liefert dieses Verfahren die exakte Lösung. Ist dies nicht der Fall, so weicht die Projektkostenkurve mehr oder weniger stark von den tatsächlichen Werten ab. Da die Zeit- und Kostenangaben nur Schätzungen sind, dürfte eine geringfügige Abweichung von der exakten Lösung vertretbar und unbedeutend sein, zumal die Gesamtkostenkurve durch die Saldierung mit den zeitabhängigen Kosten und Erlösen häufig im optimalen Bereich einen sehr flachen Verlauf hat (s. Bild 7.4).

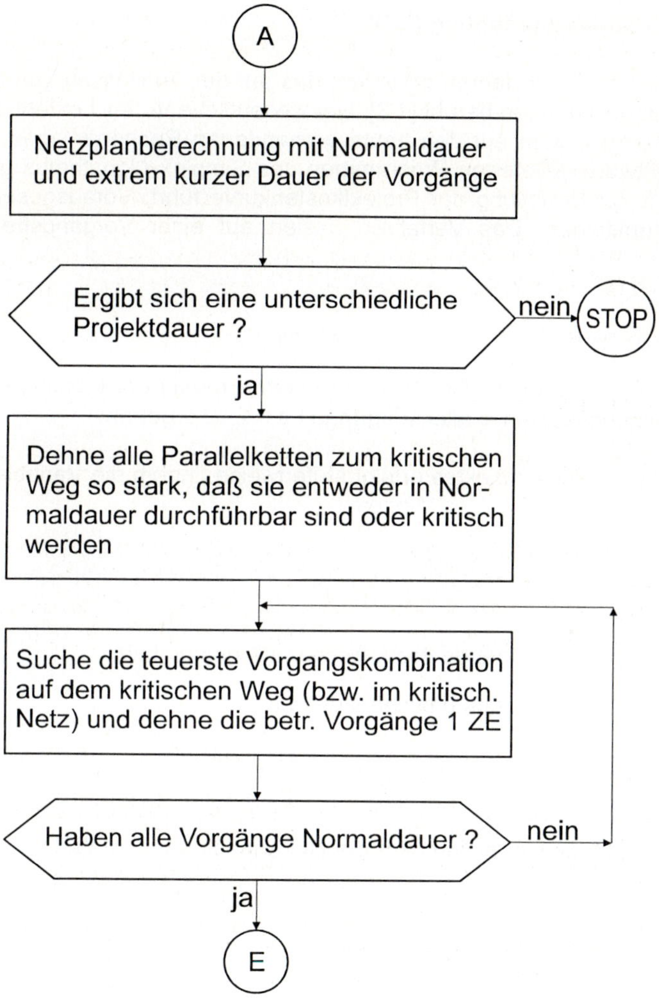

Bild 7.5 Vereinfachtes Flußdiagramm für die Zeit-Kosten-Optimierung von Hand (heuristisches Verfahren).

7.3 Programmierbare Optimierungsalgorithmen

Im folgenden wird ein kurzer Abriß über die bekanntgewordenen Rechenverfahren gegeben, wobei nur auf die wesentlichen Merkmale und Unterschiede hingewiesen werden kann. Detailfragen können in den angegebenen Veröffentlichungen nachgelesen werden.

7.3.1 Lineare Planungsrechnung (LP)

Müller-Merbach hat ein Verfahren erfunden, das auf der Aufstellung von linearen Gleichungen und Ungleichungen beruht [7.3]. Der wesentliche Vorteil besteht darin, daß ein solches Gleichungssystem auf den heute vorhandenen Rechenanlagen in der Regel mit den als Software gelieferten Programmen des Simplex-Algorithmus gelöst werden kann und somit zur Ermittlung der Projektkostenkurve führt. Vorausgesetzt werden lineare Kostenfunktionen. Das Verfahren basiert auf einer Vorgangsbeschleunigung (Verkürzung).

$$\text{Minimiere} \qquad K = \sum_{j=1}^{J} c_j \times \delta_j \qquad (7.1)$$

wobei sich die Beschleunigungskosten K aus dem Produkt der Beschleunigung δ_j und den Beschleunigungskosten c_j aller Vorgänge j = 1,2...J ergeben.

Die Beschleunigung des Projektes erfolgt stufenweise, indem die Variable erhöht wird, und beträgt entlang des kritischen Weges

$$\sum_{j \in C} \delta_j = -\lambda \qquad (7.2)$$

wobei C die Menge der Vorgänge des kritischen Weges umfaßt.

Die gleiche Bedingung läßt sich umschreiben in

$$\sum_{j=1}^{J} a_{oj} \times \delta_j = -\lambda \qquad \text{mit } a_{oj} = \begin{cases} 1, & \text{wenn } j \in C \\ 0, & \text{sonst} \end{cases} \qquad (7.3)$$

Wie bei allen LP-Modellen lassen sich die Nebenbedingungen als Ungleichungen formulieren:

Die Beschleunigung eines Vorgangs darf einen gegebenen Grenzwert Δ_j nicht überschreiten:

$$\delta_j \leq \Delta_j \qquad (7.4)$$

Der kritische Zweig einer Netzplanmasche i darf zunächst nur bis zur Größe der freien Pufferzeit FP_i des letzten Vorgangs vom nichtkritischen Zweig der Masche verkürzt werden und darüber hinaus nur, soweit auch Verkürzungsmöglichkeiten auf dem nichtkritischen Zweig vorhanden sind, d.h.

$$\sum_{j \in Ci} \delta_j \leq FP_i + \sum_{j \in Ni} \delta_j \tag{7.5}$$

mit C_i als Menge der Vorgänge des kritischen Weges und N_i als Menge der Vorgänge des nichtkritischen Weges der Masche i. Die Gleichung läßt sich auf die folgende Form umschreiben:

$$\sum_{j=1}^{J} a_{1j} \times \delta_j = FP_i \quad \text{mit } a_{1j} =, \begin{cases} 1, \text{ wenn j } \in \text{Ci} \\ -1, \text{ wenn j } \in \text{Ni} \\ 0, \text{ sonst} \end{cases} \tag{7.6}$$

Ferner gilt die in LP-Modellen übliche Nichtnegativitätsbedingung:

$$\delta_j \geq 0 \tag{7.7}$$

Mit den Bedingungen (7.1) bis (7.7) ist das Problem vollständig formuliert. Man kann das Gleichungssystem sofort verkleinern, wenn man alle Variablen δ_j mit $\Delta_j = 0$ streicht, da diese Arbeitsgänge nicht zu beschleunigen sind. Ist ferner die freie Pufferzeit FP_i größer als die Beschleunigungsmöglichkeit aller Vorgänge des kritischen Weges in der Masche i, so ist die Nebenbedingung (7.6) bedeutungslos, da die Vorgänge des nichtkritischen Zweiges stets in Normaldauer ausführbar sind. Weiterhin können alle Variablen entfallen, die nur in der Zielfunktion auftreten. Müller-Merbach hat das in Bild 7.6 dargestellte Beispiel nach dieser Methode berechnet:

Anzumerken ist abschließend, daß sich die Bedingung (7.7) $\delta_j \geq 0$ nur auf die Ausgangswerte bezieht, nicht auf während des Rechenverfahrens vorgenommene Verkürzungen. Im Rechenbeispiel wird der Vorgang 14 in der 1. bis 3. Rechenstufe um 2 verkürzt, in der 4. bis 6. Rechenstufe wieder auf den Ausgangswert gedehnt und erst beim letzten Schritt wieder um 2 verkürzt.

7.3.2 Der Fulkerson-Algorithmus (Kurzbeschreibung)

Dieser Algorithmus ist ebenfalls auf einem linearen Gleichungssystem aufgebaut [7.4]. Jedoch ist das Gedankenmodell ein Leitungs- oder Rohrnetz mit einer Quelle (= Anfangsknoten des Netzplans) und einer Senke (= Endknoten des Netzplans). Die Kosten werden als Fluß in diesem Netz aufgefaßt. Daraus sind auch die Voraussetzungen für die Anwendung zu verstehen, daß erstens keine Zyklen und zweitens keine parallelen Kanten zwischen zwei Knoten vorhanden sein dürfen.

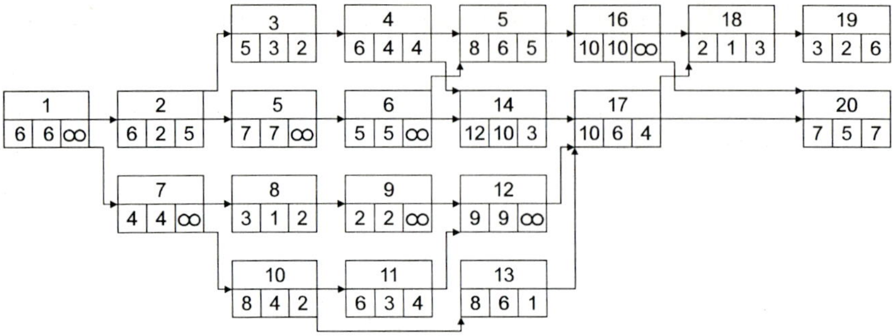

Vorgang	0	Rechenschritt 1	2	3	4	5	6	7
2				1	3	4	4	4
10						1	1	3
14		2	2	2				2
15								2
17			2	2	4	4	4	4
20							2	2
$-\lambda$	0	2	4	5	7	8	10	12
$PD = T_0 + \lambda$	53	51	49	48	46	45	43	41
-K	0	6	14	19	31	38	52	72

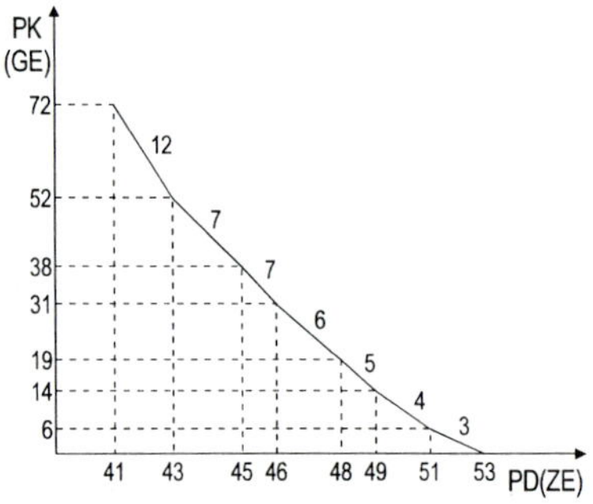

Bild 7.6 Netzplan mit 20 Vorgängen als Anwendungsbeispiel für den LP-Algorithmus nach Müller-Merbach.

Zur Lösung wird ein einfacher Markierungsalgorithmus verwendet, für den man im Gegensatz zu dem eben beschriebenen Verfahren keinerlei Gleichungen aufstellen muß. Er kommt dadurch zustande, daß man die Eigenschaften von Graphen (Flußgraphen) benutzt, wie z.B. das 2. Kirchhoffsche Gesetz:

Im stationären Fließvorgang ist an jedem Knoten die Summe der Zuflüsse gleich der Summe der Abflüsse.

Das Optimalitätsprinzip beruht auf einem ähnlich trivialen Satz (sog. "max flow / min cut - Theorem"):

Der maximale Wert des Flusses von der Quelle zur Senke ist gleich dem minimalen Fluß in allen möglichen Querschnitten (sog. Schnittmengen) durch das Netz.

Für den Algorithmus ist ein Vorgangspfeilnetzplan (VPN) erforderlich, bei dem die Knoten aufsteigend numeriert sind. Zu Beginn des Verfahrens ist der Fluß in allen Kanten 0. Die Vorwärtsrechnung mit Normaldauer der Vorgänge liefert bei 0 beginnend die frühesten Zeitpunkte τ (y) für alle Knoten (Ereignisse). Der Anfangsknoten mit t (1) = 0 erhält die Markierungen (0,). Der erste Wert einer jeden Markierung gibt an, von wo aus der betreffende Knoten markiert wurde, so daß man einen markierten Weg rekonstruieren kann. Der 2. Wert nennt die Steigerung des Kostenstromes. Die Markierung läuft nach folgendem Schema ab:

1. Von allen markierten Knoten m = 1t,..., n aus Aufsuchen der unmarkierten Knoten u, für die der früheste Termin bei (m) plus die Minimaldauer für (m,u) gleich dem frühesten Termin t (u) ist. Markieren dieser Knoten mit (m,).

2. Ist der Endknoten n markiert worden?
   Ja: Ende des Verfahrens.
   Nein: Fortsetzung mit Schritt 3.

3. Zweite Markierung (alle berechneten Markierungen aus Schritt 1 bleiben erhalten): Von jedem markierten Knoten m aus wird geprüft, ob folgende Bedingungen erfüllt sind:

   a) Termin von (m) + Normaldauer von (m,u) - Termin von (u) = 0 und Kostenfluß f(m,u) < Beschleunigungskosten c(m,u)?
   Setze die Marke [m,e(u)] mit e(u) = min [e(m) oder c(m,u) - f(m,u)].

   b) Termin von (m) + Minimaldauer von (m,u) - Termin von (u) = 0?
   Setze die Marke [m,e(m)].

a) und b) gelten als "Vorwärtsmarkierung" nur für aufsteigende Knotennummern m u. Für fallende Knotennummern gibt es eine entsprechende "Rückwärtsmarkierung" 4. Ende von Schritt 3: Kein weiterer Knoten kann markiert werden.

4. Ist der Endknoten n markiert?
   Ja: Fortsetzung mit Schritt 5.
   Nein: Fortsetzung mit Schritt 6.

5. Auf dem markierten Weg werden rückwärts von n bis 1 die Flußwerte der einzelnen Vorgänge um den e-Wert des Endknotens vergrößert:
   Beginn: f(j,n): = f(j,n) + e(n).
   Fortsetzung: f(i,j): = f(i,j) + e(j)
   bis Knoten 1 erreicht ist.
   Löschen aller Markierungen und Beginn mit Schritt 1.

6. Änderung der Termine tf(i) bei allen unmarkierten Knoten u durch Subtraktion von t_{min}:

$$tf(u): = tf(u) - t_{min}.$$

   Löschen aller Markierungen und Beginn von Schritt 1.

Der Algorithmus wurde auf das Beispiel von Bild 7.7 angewandt [7.4]:

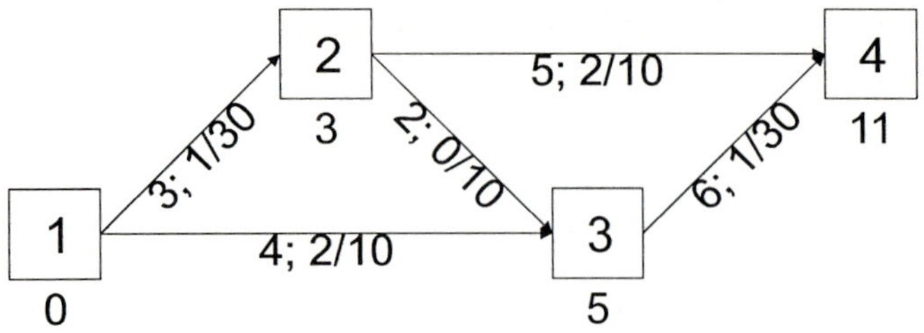

Interationsstufe

		1	2	3	4	5	6	7	8	9	10	11	12
Marken der Knoten		0,¥ 1,30 2,10 3,10	0,¥ 1,20 - -	0,¥ 1,20 1,10 3,10	0,¥ 1,20 - -	0,¥ 1,20 2,20 3,10	0,¥ 1,10 2,10 -	0,¥ 1,10 2,10 2,10	0,¥ - - -	0,¥ 3,10 1,¥ -	0,¥ 3,10 1,¥ 2,10	0,¥ - 1,¥ -	0,¥ 1,¥ 1,¥ 2,¥
f(1,2)	0	10		10		20		30			30		Ende
f(1,3)	0	0		10		10		10			20		
f(2,3)	0	10		10		20		20			10		
f(2,4)	0	0		0		0		10			20		
f(3,4)	0	10		20		30		30			30		
tf(1)	0		0		0		0		0	0		0	
tf(2)	3		3		3		3		2	2		1	
tf(3)	5		4		3		3		2	2		2	
tf(4)	11		10		9		8		7	4		3	
d(1,2)	3		3		3		3		2	2		1	
d(1,3)	4		4		3		3		2	2		2	
d(2,3)	2		1		0		0		0	0		1	
d(2,4)	5		5		5		5		5	2		2	
d(3,4)	6		6		6		5		5	2		1	
Kosten-strom		10		20		30		40			50		
Beschl. Kosten			10		30		60		100	100		270	

Bild 7.7 Anwendungsbeispiel zum Fulkerson-Algorithmus. Zum besseren Verständnis der Tabelle ist der Netzplan als Vorgangspfeilnetzplan dargestellt.

Besonders hervorzuheben ist, daß der Knoten 1 im 9. und 10. Schritt von rückwärts (nämlich von 3) markiert wurde. Ferner ist der Vorgang (2,3) vom 1. bis 4. Schritt auf die Minimaldauer 0 reduziert worden, während er im 11. bzw. 12. Schritt wieder auf die Dauer 1 gedehnt wird.

7.3.3 Der Trennungsmengenalgorithmus

Der in [7.5] beschriebene Trennungsalgorithmus führt die Zeit-Kosten-Optimierung auf ein formales Netzplanproblem zurück, die Bildung von Trennungsmengen. Da die Trennungsmengen auch für andere Optimierungsaufgaben von Nutzen sein können, wird zunächst das Bildungsgesetz für diese Trennungsmengen ausführlich dargestellt.

Darauf aufbauend werden anschließend die Bewertungen mit Zeit und Kosten eingeführt und entsprechend genutzt.

Die Bildung aller Trennungsmengen

Unter den Trennungsmengen eines Netzplanes werden alle Vorgangsmengen verstanden, die den Netzplan in zwei Teilnetze zerlegen. Jede dieser Trennungsmengen besteht aus endlich vielen Vorgängen. Die Anzahl der Trennungsmengen ist ebenfalls endlich. Die Vorgänge der beiden Teilnetze plus die Vorgänge der zugeordneten Trennungsmenge sind stets die Menge aller Vorgänge des untersuchten Netzplans.

Es geht darum, ein programmierbares Bildungsgesetz zu finden, mit dem mit Sicherheit *alle* Trennungsmengen gefunden werden. Hierbei geht man davon aus, daß zwei spezielle Trennungsmengen explizit gegeben sind:

- die Menge aller Anfangsvorgänge,
- die Menge aller Endvorgänge.

Jeweils eines der entstehenden Teilnetze enthält dann keinen Vorgang. Wenn man, beginnend mit der Anfangsmenge, schrittweise solange die Vorgänge jeweils gegen ihre Nachfolger austauscht, bis die Endmenge gefunden ist, entstehen *alle* Trennungsmengen, wenn folgende Bedingungen eingehalten werden:

1. Für alle Vorgänge mit zwei oder mehr Vorgängern, bei denen ungleiche Nachfolgermengen vorhanden sind, werden ideelle Vorgänge in die Netzplanstruktur eingefügt, so daß die Nachfolgermengen der Vorgänge entweder gleich oder disjunkt sind (aber keinen gemeinsamen Durchschnitt haben).

2. Mit den so aufbereiteten Daten werden nacheinander die Vorgänge der Trennungsmengen gegen ihre(n) Nachfolger ausgetauscht.

3. Wenn der Austausch stets in *allen* früher gebildeten (abgespeicherten) Trennungsmengen vorgenommen wird, können die Austauschschritte in beliebiger Reihenfolge erfolgen.

4. Die Bildung der Trennungsmengen ist abgeschlossen, sobald die Menge aller Endvorgänge entstanden ist.
   Da die Anzahl der Trennungsmengen in großen Netzstrukturen hoch ist, empfiehlt sich aus rechentechnischen Überlegungen eine Verkleinerung um alle jene Netzteile, die für eine Optimierung nicht in Frage kommen. Der Vorgangsknoten-Netzplan von Bild 7.8 wird zunächst um die gestrichenen Vorgänge verkleinert. Er liefert die Trennungsmengen T_1 bis T_{14}, in denen anschließend alle ideellen Vorgänge (hier Nr. 401 bis 405) gelöscht werden können, so daß insgesamt neun verschiedene Trennungsmengen, die nicht in anderen enthalten sind, übrig bleiben.

5. Nach Bildung der Trennungsmengen können die mit Ziffer 1 eingefügten ideellen Vorgänge gelöscht und gleiche Trennungsmengen eliminiert werden.

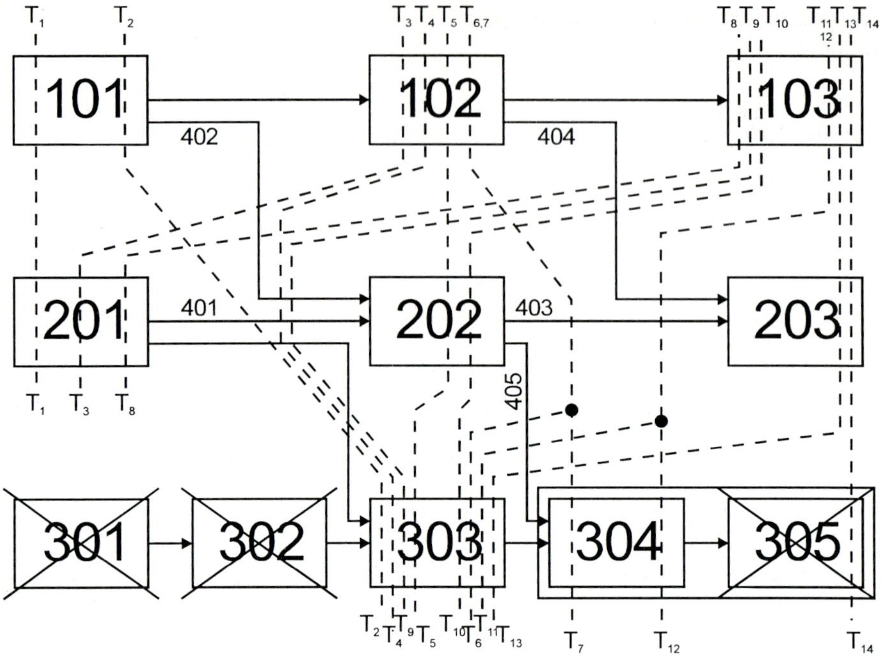

Bezeichnung der Trennungsmengen	Austauschschritt	in der Menge	Vorgänge der Trennungsmengen	Reste
T_1	(gegeben)	-	101, 201	x
T_2	201 gegen 303, 401	T_1	101, 303, 401	x
T_3	101 gegen 102, 402	T_1	102, 201, 402	x
T_4	"	T_2	102, 303, 401, 402	
T_5	401, 402 gegen 202	T_4	102, 202, 303	x
T_6	202 gegen 403, 405	T_5	102, 303, 403, 405	
T_7	405, 303 gegen 304	T_6	102, 304, 403	x
T_8	102 gegen 103, 404	T_3	103, 201, 402, 404	x
T_9	"	T_4	103, 303, 401, 402, 404	
T_{10}	"	T_5	103, 303, 202, 404	x
T_{11}	"	T_6	103, 303, 403, 404, 405	
T_{12}	"	T_7	103, 304, 403, 404	
T_{13}	403, 404 gegen 203	T_{11}	103, 203, 304	x
T_{14}	"	T_{12}	103, 203, 304	x

Bild 7.8 Netzplan mit 11 Vorgängen als Beispiel für die Bildung von 14 Trennungsmengen (Nr. 301 und 302 entfallen, da sie in jedem Fall in Normaldauer durchführbar sind und 305 wird mit 304 zusammengefaßt).

Die Bewertung der Trennungsmengen

Zunächst benutzt man die Tatsache, daß mit den Trennungsmengen *alle* Kombinationen von Vorgängen bekannt sind, die möglicherweise parallel (d.h. gleichzeitig) ablaufen können. Verlängert oder verkürzt man in einer beliebigen Trennungsmenge die kritischen Vorgänge um 2ZE, so verändert sich das Projektende ebenfalls um ± 1 ZE.

Infolgedessen ist nur festzustellen, mit Hilfe von *welcher* Vorgangskombination (Tennungsmenge) die Projektdauer vergrößert oder verkleinert werden soll, um den größtmöglichen Vorteil zu erzielen. Die Kostensumme aller kritischen Vorgänge von jeder Trennungsmenge dient dazu als Maßstab für die Entscheidung. Da bei den weiteren Überlegungen vom extrem kurzen Netzplan ausgegangen wird, muß jeweils die Trennungsmenge mit den höchsten Beschleunigungskosten zur Dehnung der beteiligten Vorgänge ausgewählt werden. Dabei können nur lineare bzw. abschnittsweise lineare Kostenfunktionen, sofern sie konvex sind (s. a und b in Bild 7.1), berücksichtigt werden. Sprungkosten sind ebenso auszuschließen wie ein konkaver Kostenanstieg.

Da von der Projektkostenkurve nur die Knickpunkte berechnet werden müssen, kann für die Dehnschritte anstelle von 1 ZE der kleinste zulässige Dehnwert der beteiligten Vorgänge gewählt werden. Alle Vorgänge mit Pufferzeiten entfallen bei der Bewertung.

Der Trennungsmengenalgorithmus

Die Bildung und Bewertung der Trennungsmengen sind ausführlich dargestellt worden. Es ist lediglich noch festzulegen, in welcher logischen Folge sich diese Schritte wiederholen. Dazu dient das Blockdiagramm von Bild 7.9. Alle Einzelheiten sind zur besseren Übersicht zu den genannten Blöcken zusammengefaßt worden.

Als Anwendungsbeispiel wird der Netzplan von Bild 7.8 gewählt, der zu diesem Zweck die Bewertungen von Tabelle 7.4 erhält.

Tab. 7.3 Zeit- und Kostengrößen für die Netzplanoptimierung.

Vorgang Nr.	Dauer normal	Dauer minimal	Kosten DM/Tag	Gesamtkosten DM
101	13	9	100	400
102	22	14	120	960
103	15	11	60	240
201	20	15	80	400
202	8	8	-	-
203	10	7	100	300
301	6	6	-	-
302	8	6	90	180
303	18	13	60	300
304	5	4	110	110
305	3	3	-	-
			insgesamt:	2.890

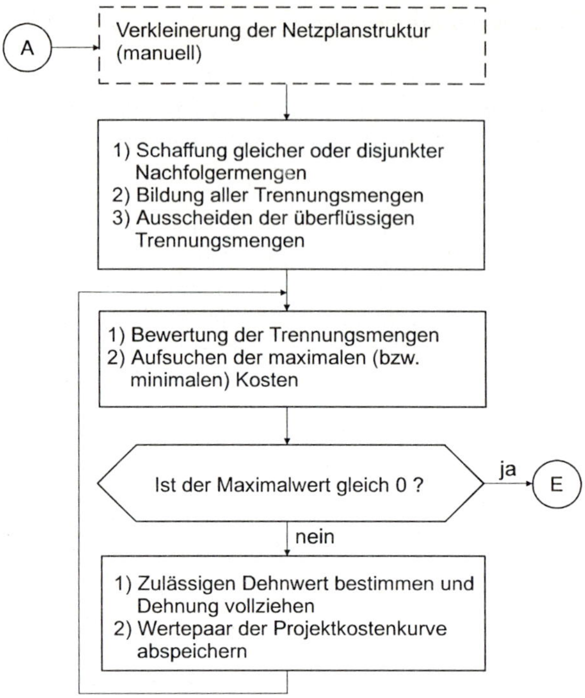

Bild 7.9 Blockdiagramm für den Trennungsmengenalgorithmus.

Die verbliebenen neun Trennungsmengen werden bewertet, die maximalen Beschleunigungskosten werden bestimmt und der maximal zulässige Dehnwert wird gesucht. Dies wiederholt sich für das gewählte Beispiel insgesamt fünfmal, wie die Tab. 7.4 zeigt. Die beiden letzten Zeilen von Tab. 7.4 enthalten die Wertepaare der Projektkostenkurve.

Abschließend ist festzustellen, daß mit dem Trennungsmengenalgorithmus ein einfacher Formalismus gefunden wurde, der

a) programmierbar ist und
b) außer den Kostenfunktionen der Vorgänge keinerlei zusätzliche Informationen oder Daten benötigt.

Ferner ist dieses Verfahren offen, so daß Anordnungsbeziehungen in Netzplänen zugelassen und mit ausgewertet werden können.

Tab. 7.4 Anwendung des Trennungsmengenalgorithmus auf das Beispiel von Bild 7.8.

Trennungsmengen Ber.	Vorgänge	1. Bewertung	2. Bewertung	3. Bewertung	4. Bewertung	5. Bewertung
T1	101, 201	100 + 80 = 180	100 + 80 = 180	100	100	---
T2	101, 303	100 + 60 = 160	100 + 60 = 160	100 + 60 = 160	100 + 60 = 160	---
T3	102, 201	120 + 80 = 200	120 + 80 = 200	120	---	---
T4	102, 202, 303	120 + 60 = 180	120 + 60 = 180	120 + 60 = 180	60	---
T7	102, 304	120 + 110 = 230	120	120	---	---
T8	103, 201	60 + 80 = 140	60 + 80 = 140	60	60	60
T10	103, 202, 303	60 + 60 = 120	60 + 60 = 120	60 + 60 = 120	60 + 60 = 120	60
T12	103, 203, 303	60 + 60 = 120	60 + 60 = 120	60 + 60 = 120	60 + 60 = 120	60
T_{14}	103, 203, 304	60 + 110 = 170	60	60	60	60
zulässige Dehnwerte:		bei 102 : 7 bei 304 : 1	bei 102 : 6 bei 201 : 5	bei 102 : 1 bei 303 : 5	bei 101 : 4 bei 303 : 4	bei 103 : 4
Projektdauer: Beschleunigungskosten		35 + 1 = 36 2390 - 230 = 2060	36 + 5 = 41 2060 - 1000 = 1060	41 + 1 = 42 1060 - 180 = 880	42 + 4 = 46 880 - 640 = 240	46 + 4 = 50 240 - 240 = 0

7.4 Zeit-Kosten-Optimierungen mit Anordnungsbeziehungen

Anordnungsbeziehungen können nach DIN 69 900 in den bekannten vier Typen als Normalfolge, Anfangsfolge, Endfolge oder Sprungfolge auftreten. Ferner können diese Anordnungsbeziehungen als Minimal- oder als Maximalzeitwerte festgelegt sein. Wegen der möglichen Widersprüche bei Maximalbedingungen (s. [7.6] und [7.7]) beziehen sich die weiteren Ausführungen ausschließlich auf *Minimalzeitwerte*.

Sofern für die Anordnungsbeziehungen fixe Zeitwerte festgelegt sind, können diese in Vorgänge umgewandelt werden und bereiten keine besonderen Schwierigkeiten. Bei der Kombination von je einer Anfangs- und Endfolge mit zwei Vorgängen i und j zu einer sog. "Masche" (bei [7.6] als "kritische Annäherung" bezeichnet) wird zweckmäßig für die ganze Masche ein Ersatzvorgang k eingeführt, dessen Kostenfunktion aus zwei unterschiedlichen Anteilen besteht, sofern beide Vorgänge i und j beschleunigt werden können:

a) Verkürzung der nicht maßgebenden Anordnungsbeziehung und des Bezugsvorganges, bis dieser Zeitanteil verbraucht ist;
b) danach weitere Beschleunigung durch die Verkürzung beider Vorgänge i und j gemeinsam.

Ein Beispiel hierzu gibt Bild 7.10. Mit der vorab zu ermittelnden Kostenfunktion des Ersatzvorganges k kann normal operiert werden wie beschrieben.

Gedanklich etwas komplizierter ist der Fall, wenn die Anfangsfolge in % der Dauer von Vorgang i und die Endfolge in % der Dauer von Vorgang j gegeben ist. Auch hier ist im allgemeinen Fall eine der beiden Anordnungsbeziehungen größer als der Minimalbedingung entspricht, so daß zunächst der zuvor beschriebene Schritt a) vollzogen werden kann. Der Knickpunkt tritt jedoch in der Regel bei *nichtganzzahligen* ZE auf. Danach müssen ebenfalls beide Vorgänge i und j gemeinsam verkürzt werden, jedoch bewirkt eine Verkürzung um je 1 ZE über die von den Vorgangsdauern abhängigen An-

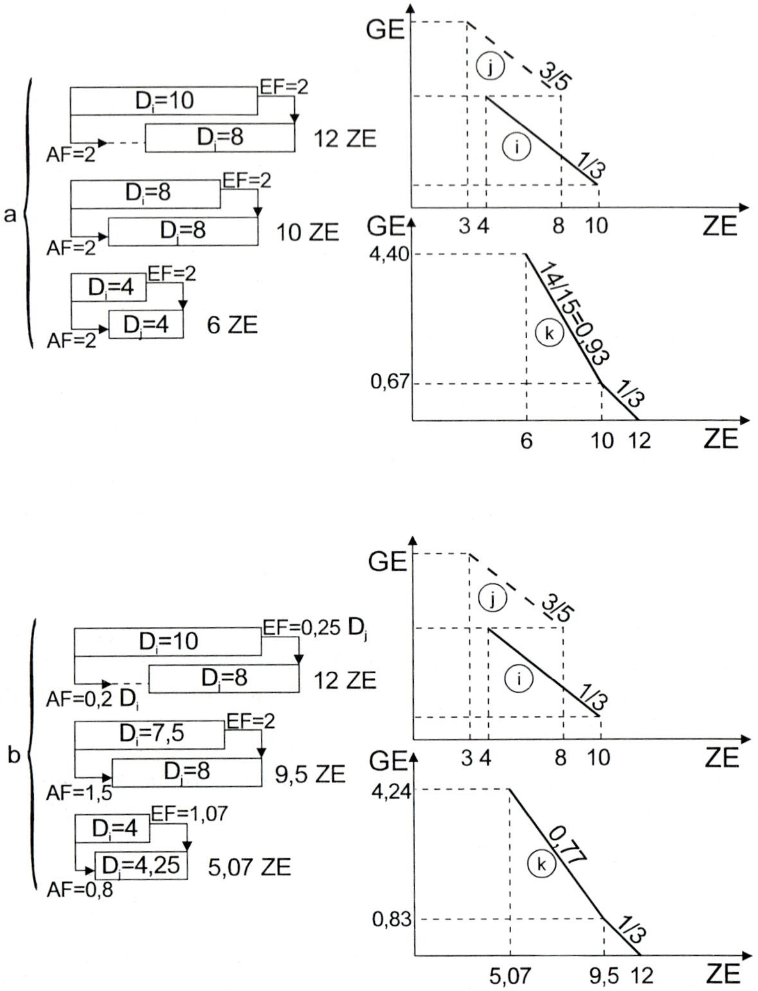

Bild 7.10 Zwei Beispiele für die Konstruktion der Kostenfunktion, wenn die Masche i/j durch einen Vorgang k ersetzt wird; Fall a: feste Zeitwerte und Fall b proportionale Zeitwerte für die Anfangs- und Endfolge.

ordnungsbeziehungen eine etwas stärkere Beschleunigung des Ersatzvorgangs k, die über 1 ZE liegt, wenn die Dauern der Anfangs- und Endfolge > 0 sind. Da die Anordnungsbeziehungen variabel sind, ergibt sich ein geringerer Kostenanstieg pro ZE für den Ersatzvorgang k als im ersten Fall mit fixen Zeitgrößen bzw. eine weitergehende Verkürzungsmöglichkeit. Die Zahlenwerte von Bild 7.10b verdeutlichen diese Aussagen.

Durch weitere, noch anspruchsvollere Netzplanstrukturen, etwa durch Maschen mit mehr als zwei Vorgängen ohne und mit externen Einflüssen, werden die Verhältnisse noch komplizierter. Vermutlich kann auf derartigen Komfort in den Netzplanprogrammen bis auf weiteres verzichtet werden.

7.5 Zusammenfassung

Es wurde gezeigt, daß alle Zeit-Kosten-Optimierungen auf die Ermittlung der *Projektkostenkurve* zurückgeführt werden können. Diese kann bestimmt werden, wenn lineare oder abschnittsweise lineare, konvexe Kostenfunktionen gegeben sind.
Die direkten Beschleunigungskosten der Vorgänge sind normalerweise nur den Unternehmern bekannt. Trotzdem sollten auch die Auftraggeber versuchen, sich bei großen Projekten der Zeit-Kosten-Optimierung zu bedienen, da sie nur bei Kenntnis der Projektkostenkurve Bauverträge gezielt gestalten können, um die eigenen Terminvorstellungen durchzusetzen.

Zunächst wurde im Kapitel 7.2 ein heuristisches Verfahren vorgestellt, das ohne sonstige Hilfsmittel von Hand bei jedem Netzplan ohne AOB angewandt werden kann. Ob der exakte Verlauf der Projektkostenkurve tatsächlich gefunden wird, hängt von der Geschicklichkeit und Ausdauer des Planers ab, der die maßgeblichen Vorgangskombinationen aufsuchen muß.

Es existieren drei Algorithmen, die programmierbar sind und den Einsatz von DV-Anlagen gestatten. Sie sind in den Abschnitten 7.3.1 bis 7.3.3 näher vorgestellt worden. Sie erfordern teils zusätzliche Auswertungen oder weitere Daten und teils nicht. Diese Verfahren sollten benutzt werden, wenn Netzpläne wiederholt optimiert werden müssen.

Der letzte Abschnitt 7.4 ist der oftmals benötigten Erweiterung auf Netzpläne gewidmet. Dabei handelt es sich um Lösungsvorschläge für Netzplanmaschen mit Zeitdehnungen bzw. Zeitverkürzungen.

Alle Zeitkostenbetrachtungen sind von Natur aus komplexe Datenstrukturen und bereiten stets erheblichen Aufwand.
Simulationslösungen sind meines Wissens bisher nicht erprobt worden. Sie könnten aber bei sorgfältiger Anwendung raschere und vermutlich ausreichend gute Ergebnisse bringen. Die vorstehenden exakten Verfahren, können für den Vergleich der Simulationen und deren erforderlichen Rechenumfang gute Dienste leisten.

8 Datenverarbeitung und Netzplantechnik

8.1 Grundsätze für Anwendungen im Bauwesen

Als dieses Kapitel vor rd. 20 Jahren zum erstenmal geschrieben wurde (vgl. [8.1]), war die Hardware für die Datenverarbeitung auf einem nach heutigen Maßstäben ziemlich bescheidenen Niveau: Langsame Rechenanlagen, begrenzte Speicher, nur zentrale Großrechner mit Zugangsbeschränkungen. Damals war es für alle einfacheren und kleineren Netzpläne grundsätzlich praktischer und schneller, auf elektronische Datenverarbeitung zu verzichten. Wir haben zwar auch damals die Vorteile der EDV schon genutzt, aber vorrangig für wissenschaftliche Zwecke auf dem Gebiet der NPT oder für die ganz großen Probleme der Praxis, bei denen von vornherein wiederholte Rechenläufe erwartet wurden. Datenträger für die Eingabe waren damals die Lochkarten!

Heute stellt sich die aktuelle Situation ganz anders dar: Die gängige Hardware ist der PC mit seiner großen Verbreitung und den möglichen großzügigen Speichererweiterungen, ggf. sogar Vernetzungen zwischen den PC untereinander. Die Dateneingabe geschieht mit Tastatur oder Maus und ist damit rasch korrigierbar. Die hohen Kosten sind spürbar nach unten gegangen. Die spezielle Software ist viel leistungsfähiger und vielseitiger geworden. Unter diesen Vorzeichen wird man nicht mehr fragen, ob man die EDV einsetzen soll, sondern man wird sich bemühen, sie so viel wie möglich zu benutzen, weil damit stupide Rechen- und Zeichenarbeiten und folglich Arbeitsstunden eingespart werden können.

Wenn heute die NPT eher weniger als damals eingesetzt wird, so kann dies kaum an dem Hilfsmittel Datenverarbeitung liegen, weil dieses seitdem um den Faktor 10 oder 20 leistungsfähiger geworden ist. Während man früher erst mit einem gründlich vorbereiteten (Roh-) Netzplan auf die Rechenanlage ging, benutzt man den PC heute gleich von Anbeginn, indem im Dialog gearbeitet wird: Varianten werden rasch miteinander verglichen, Teilnetzpläne abgespeichert und zu gegebener Zeit wieder aufgerufen und fortgeschrieben. Deshalb ist die EDV heute für die Projektsteuerung unverzichtbar.

Die Vorteile der EDV sind grundsätzlich die gleichen geblieben, die auch vor 20 Jahren dafür den Ausschlag gaben:

1. Große Datenmengen sind sicher beherrschbar. Die leidigen Rechenfehler, die sich bei der Handauswertung einschleichen, werden ausgeschaltet. Das ist umso nützlicher je größer der Netzplan ist.

2. Die Möglichkeit zur Variation der Listen ist praktisch unbegrenzt. Durch EDV kann die Datenmenge nach beliebig vielen Gesichtspunkten oder Sortierungen ausgegeben werden. Die gängigen Spezialprogramme liefern mehr als 10 Grundtypen mit vielen Varianten, so daß für alle Ansprüche gesorgt ist.

3. Die Ausgabe von grafischen Netzplänen, die früher von Technischen Zeichnern bewerkstelligt wurde und vom Aufsteller mühevoll kontrolliert werden mußte, läuft heute quasi nebenbei. Natürlich sind die grafischen Möglichkeiten auf die Symbole

der Drucker oder die Technik der Plotter beschränkt. Doch sind diese Beschränkungen nicht gravierend.

4. Die Umsetzung von fertigen Netzplänen in Balkenpläne für alle diejenigen, die damit arbeiten sollen, ist heute Standard. Hierbei läßt sich vielerlei Komfort bei den EDV-Programmen realisieren.

5. Alle höherwertigen Planungen, die über die Zeitberechnungen hinausgehen, werden auf die Zeitprogramme aufgesattelt. Es sind Module oder Zusatzprogramme, die man benutzen kann, aber nicht muß. Diese Zusätze sind derzeit das Tummelfeld der Programmierer.

Da jede Bauzeitkontrolle und jede Netzplanveränderung eine Neuberechnung erfordern, ist der Vorteil der schnellen und sicheren Berechnung evident. Durch Speichern aller aufeinanderfolgenden Projekt-Netzpläne mit ihrer Fortschreibung erfolgt eine solide Dokumentation des Ablaufes mit der Möglichkeit zur nachträglichen Abweichungsanalyse, die in der Regel die Basis für Nachträge darstellt.

8.2 Anforderungen an EDV-Programme für die NPT

Wichtiger als die Kenntnis einzelner Programmdetails ist der Blick für die prinzipiellen Erfordernisse, insbesondere aus der Erfahrung des Programmeinsatzes für die Projektsteuerung im Bauwesen. Hier haben Dworatschek / Hayek im Jahr 1988 eine grundlegende Veröffentlichung herausgebracht [8.2]. Sie schätzen das Software-Angebot zur Netzplantechnik auf rd. 250 Software-Pakete, von denen die meisten in der Untersuchung aufgelistet sind (S. 74 - 111). 29 ausgewählte Pakete werden anhand eines Kriterienkataloges genauer beschrieben (S 115 - 326). Doch auch die monatlichen Computer-Hefte bringen aktuelle Markt- und Produktinformationen über ausgewählte Software-Programme (z.B. [8.3] und [8.4]).

Doch bevor Dworatschek / Hayek auf die gegenwärtig verfügbaren Programme eingehen, berichten Sie von einer Experten-Befragung anläßlich einer GPM-Tagung mit dem Ziel, die Anforderungen der Praxis an solche Spezialprogramme kennenzulernen. Die Befragung umfaßte 126 Teilnehmer von insgesamt vier workshops, darunter rd. zwei Drittel Ingenieure und Techniker, der Rest Betriebswirte, Informatiker u.a. Von dieser großen Zahl kann eine repräsentative Aussage über das Anforderungsprofil an die Netzplan-Software abgeleitet werden, das sicherlich längere Zeit Gültigkeit haben wird. Denn sowohl die NPT als auch die EDV hatten schon 2 Jahrzehnte der Entwicklung und Erprobung zum Zeitpunkt der Befragung hinter sich.

Die Fragen und die Ergebnisse werden hier so knapp wie möglich zusammengefaßt und auf die Kernaussagen reduziert:

1. Die Projektgrößen schwanken in weiten Grenzen (Inland - Ausland usw.). Je größer die Netzpläne sind, desto mehr Speicher beanspruchen die Rechnerprogramme. Welches ist die gängige Projektgröße durch die Zahl der Vorgänge ausgedrückt, die ein Programm im betrieblichen Einsatz bewältigen soll (Angaben in %)?

unter 100	101 - 500	501 - 1000	über 1000
4	50	19	28

2. Irgend eine Zuordnung der Vorgänge zu Abteilungen, Aufträgen, Planern, Firmen, Bauteilen, Kostenstellen etc. ist stets erforderlich.
   Wieviele Zuordnungskriterien pro *Vorgang* sind sinnvoll?
   Die Befragung zeigt fol-gendes Resultat:

keine	bis zu 4	5 - 10	mehr als 10
0	15	63	23

3. Wieviele *verschiedene* Kalender werden benötigt?
   Die befragten Experten meinten dazu folgendes:

ein Kalender	mehrere Kalender
17	83

4. Sollen fixe Start- und Endtermine für jeden Vorgang möglich und erfaßbar sein?

ja	nein
96	4

5. Muß das EDV-Programm Schleifen (Zyklen) erkennen können?

ja	nein
95	5

6. Sollen außer Terminlisten auch Balkenpläne mit Zeitmaßstab gedruckt oder geplottet werden?

ja	nein
97	3

Die Berichte können über verschiedene Peripheriegeräte ausgegeben und ganz differenziert gestaltet werden. Natürlich ist ein Programmsystem mit vielen Varianten im Listenwesen und mit grafischen Gestaltungsmöglichkeiten für den Anwender sehr viel umfangreicher, langsamer und teurer als einfache Systeme. Außerdem müssen die Anwender sehr viel umfassender ausgebildet sein, um alle Möglichkeiten auch hinreichend zu kennen und nutzen zu können. Jedenfalls sollte nur so viel „Ausgabe-Komfort“ verfügbar sein wie im Normalfall auch wirklich benötigt wird. Die nachfolgenden Fragen bzw. Antworten informieren über das Erforderliche:

7. Wird die gemeinsame Ausgabe von Plan- und Ist-Daten benötigt?

nur Plandaten	Soll- + Ist-Daten
1	99

8. Wird die Ausgabe des *grafischen* Netzplans auf Drucker oder Plotter überhaupt benötigt?

kein Netzplan	EDV-Netzplan (PC)
7	93

9. Ist ein Netzplan vom Drucker mit dessen grafischen Beschränkungen auf die üblichen Symbole ausreichend oder benötigen wir auch anspruchsvollere Plotter-Grafiken?

nur Drucker	Drucker + Plotter
19	81

10. Benötigen wir Zeitfenster (Zeitausschnitte) beliebiger Art bei der Datenausgabe?

ja	nein
100	0

Mit diesen 10 Grundsätzen ist schon eine Menge über die Konzepte von EDV-Programmen für die Netzplantechnik ausgesagt.

Zu 1. **Die Vorgangszahl**

Wenn ein EDV-Programm 1000 Vorgänge bewältigen kann, deckt es damit 73 % der Anwenderwünsche ab. Dennoch will rd. ein Viertel der Befragten größere Netzpläne aufstellen. Der Autor hält dies aber für wenig realistisch.

Nach eigenen Erfahrungen gehen auch anspruchsvollere Projekte selten über 500 Vorgänge hinaus. Die Großprojekte sind in sich strukturiert in verschiedene Bauten / Blöcke / Pakete o.ä., so daß für jeden dieser Teile nicht mehr als 1000 Vorgänge anfallen werden. Bei Bedarf läßt sich auch ein 2000 Vorgänge-Projekt in 2 x 1000 Vorgänge untergliedern. Grundsätzlich gilt für die spätere Umsetzung und Projektausführung:

> Netzpläne unter 500 Vorgängen sind besser beherrschbar und sind ökonomischer als größere Einheiten.

Zu 2. **Codierung und Sortierung**

Die Codierung der Vorgänge soll Zuordnungen erlauben. Dies sind die Ordnungsprinzipien, um die Vorgänge nach verschiedenen Gesichtspunkten ordnen und sortieren zu können. Da die Datenverarbeitung dies bequem und schnell leistet, liegt auf diesem Gebiet einer der Hauptvorteile von Netzplan-Programmen.

Bis zu 10 Unterscheidungsmerkmale pro Vorgang sind von etwa Dreiviertel der Anwender gewünscht. Dies muß nicht zu einer 10stelligen Vorgangsbezeichnung führen. Bereits eine vier- bis fünfstellige alphanumerische Codierung hat diese

Möglichkeiten. Eigentlich ist eine eher kurze Vorgangsbezeichnung von Vorteil, weil diese in allen grafischen Outputs und Listen benutzt wird.

Alternativ dazu kommen ggf. gesplittete Kennungen in Betracht, z.B. ein vierstelliges Bezeichnungssystem (mit oder ohne Firmenzuordnungen), eine mehrstellige Kostenkennzeichnung, eine weitere Betriebsmittelunterscheidung, eine Meilensteinkennzeichnung, eine Kalenderzuordnung u.a.m.

Jeder Anwender muß sich auf das Notwendigste beschränken und die Möglichkeiten des Programm-systems intelligent nutzen.

Zu 3. **Mehr Kalenderprogramme**

Der Einsatz von mehreren Kalendern (Inland, Ausland usw.) ist unbestritten notwendig. Dabei kann jeder Vorgang nur *einem* dieser Kalender zugeordnet sein. Ggf. muß eine Sache in mehrere Vorgänge aufgeteilt werden, wenn die Planung nach dem einen Kalender, die Lieferfrist nach einem zweiten und die Montage nach einem dritten organisiert werden muß.

Sollen diese Kalender innerhalb des gleichen Teilnetzplanes eingesetzt werden, so können sich Nichtarbeitstage aus dem einen Kalender als Verschiebungen auf dem kritischen Weg auswirken und somit zu Projektverlängerungen führen. Viele EDV-Programme sind für diesen *integrierten* Kalendereinsatz nicht eingerichtet. Der Anwender muß dazu selbst eingreifen, um keine Überraschungen zu erleben, und im Dialog die fehlerhaften Berechnungen nachbessern (z.B. durch veränderte Zeitansätze für die Vorgänge). Die EDV-Programme müssen nicht immer bis zur letzten Konsequenz automatisiert sein. Wenn die Anwender mitdenken und eingreifen, führt dies ebenso zu fehlerfreien Ergebnissen.

Zu 4. **Fixe Start- und Endtermine für Vorgänge**

Wenn für Bauprojekte viele Vorgangstermine fest vorgeschrieben sind, ist dieses Termingerüst quasi der vorgegebene Ablaufplan (wohl am besten in Form eines Balkenplans). Zumeist ist aber nur das Projektende vertraglich fixiert und einige wenige verbindliche Zwischentermine.

Es gibt sicher auch andere Wege, diese Vorgaben in den Projektablauf einzuarbeiten als über das EDV-Programm, z.B. indem man Anordnungsbeziehungen vom Projektbeginn und / oder zum Projektende einfügt, um die zeitliche Lage bestimmter Dinge sicherzustellen. Hierzu ist eine gute Dialogfähigkeit der Programme die wichtigste Voraussetzung.

Ein Meilensteinplan innerhalb eines Netzplanes ist ein geeignetes Mittel, wenn sehr viele unterschiedliche Zwischentermine innerhalb einer größeren Vorgangsstruktur beachtet werden müssen. Die Heraushebung der Meilensteine in der Menge der Vorgänge ist vor allem aus praktischen Erwägungen nützlich, weil diese Vorgänge später genauestens beachtet und kontrolliert werden müssen.

8.3 Eigene Netzplanprogramme

Wenn jemand sicher programmieren kann, ist es nicht schwer, ein geeignetes Programm zu schreiben. Dieses umfaßt die Rechenalgorithmen des Kapitels 4, sicherlich auch die Formeln für die AOB des Kapitels 4.9. Die Ausgabe einer Standardliste ist als reine Fleißarbeit anzusehen. Man vergesse nicht Fehlersuchroutinen spezieller Art hinzuzufügen, die verbal etwa so lauten könnten:

- Ist jeder als Vorlieger benutzte Vorgang auch wirklich existent?
- Tritt jede Vorgangsbezeichnung genau einmal auf (Duplizitäten sind vermutete Irrtümer)?
- Sind Schleifen vorhanden, die eliminiert werden müssen?

Zu diesen Fehlerroutinen gehören auch intelligente Fehlermeldungen, die zwar einen unnötigen Abbruch des Rechenganges vermeiden sollten, wenn dies statthaft ist, aber bei allen *logischen* Fehlern den Benutzer fragen müssen, was er eigentlich will.

Die Benutzung eines solchen schmalbrüstigen Kernprogramms ist allerdings wenig befriedigend. Zwar würde es ggf. richtig rechnen, doch die Vorteile eines komfortablen Listenwesens erfordern einen langwierigen Entwicklungsaufwand mit ständigen Einsätzen und vielseitigen Tests. Das gleiche gilt für die Anreicherung mit Grafik für Netzpläne und Balkenpläne. Natürlich kann man diese Komponenten ggf. zukaufen (z.B. GRANEDA [8.2]).

Weitere Bausteine, die hinzugefügt werden können, betreffen die Kostenplanung und Kostenkontrolle, Kapazitätsplanung und Kapazitätskontrolle (einschließlich Berichtswesen). Daran können Optimierungskomponenten vielerlei Art anschließen.

Eine hierarchische und interaktive Menüführung sichert schließlich die Benutzung für jedermann. Bedenkt man, daß die Rechner und die Betriebssysteme auch weiterentwickelt werden, so zeigt sich, daß solche Selfmade-Lösungen nicht empfehlenswert sind. Die Anschaffung von geeigneter Software, die von professionellen Fachleuten gewartet wird, ist der einzig sinnvolle und ökonomisch richtige Weg. Der Abschnitt 8.2 hat Anhaltspunkte für die Anschaffung bzw. für Tests gezeigt.

8.4 Programmentwicklung speziell für Bauprojekte

Im Institut des Autors wurde innerhalb von 2 Jahrzenten nach und nach ein EDV-Programm zur Netzplanberechnung entwickelt und gepflegt, weil immer wieder Projekte in der Praxis zu begleiten waren und die frühen Programmsysteme vor 20 Jahren den Anforderungen nicht genügten. Dabei konnten Ideen verwirklicht werden, die die kommerziellen Programme nicht bieten. Die professionellen Softwarehersteller können wichtige Anregungen für ihre zukünftige Entwicklungsarbeit daraus ableiten. Denn die Bauaufgaben sind schwer durchschaubare Großprojekte, die dezentral ablaufen und ihre eigenen Probleme und Gesetzmäßigkeiten haben.

8.4.1 Konsistenz der grafischen Netzpläne

Wenn es dem Netzplanprogramm überlassen bleibt, den grafischen Netzplan automatisch zu gestalten, dann muß man in Kauf nehmen, daß dieser Netzplan sein Gesicht ständig ändert. Der Planaufsteller bemüht sich, einige Ordnungsprinzipien in seinem Plan einzuhalten (Bauteile, Gewerke, Gruppen etc.). Werden diese gewollten Ordnungen bei einem Änderungslauf durcheinandergebracht, so fängt selbst der Aufsteller immer wieder an zu suchen. Das nimmt kein Ende, und die Frustration wächst ständig. Für alle anderen, die nach diesem Netzplan arbeiten oder kontrollieren sollen, wird das noch viel schwerer als für den Planverfasser, weil sie Art und Umfang der Änderungen nicht genau kennen. Also verliert der Plan letztlich seine Glaubwürdigkeit und Kompetenz, und zwar aus rein formalen Gründen.

Folglich muß ein Weg gefunden werden, daß der grafische Netzplan stabil (konsistent) bleibt, solange es der Aufsteller wünscht.

Der entscheidende Schritt zur Verwirklichung dieser Forderung war, die Vorgänge durch den Planverfasser auf dem Monitor zu positionieren und danach die in dem Datensatz existierenden Abhängigkeiten und Anordnungsbeziehungen automatisch per Programm konstruieren zu lassen. Damit wird jede Folgeversion mit den vorangegangenen voll vergleichbar, bis auf die jeweiligen Strukturveränderungen, die gewollt sind.

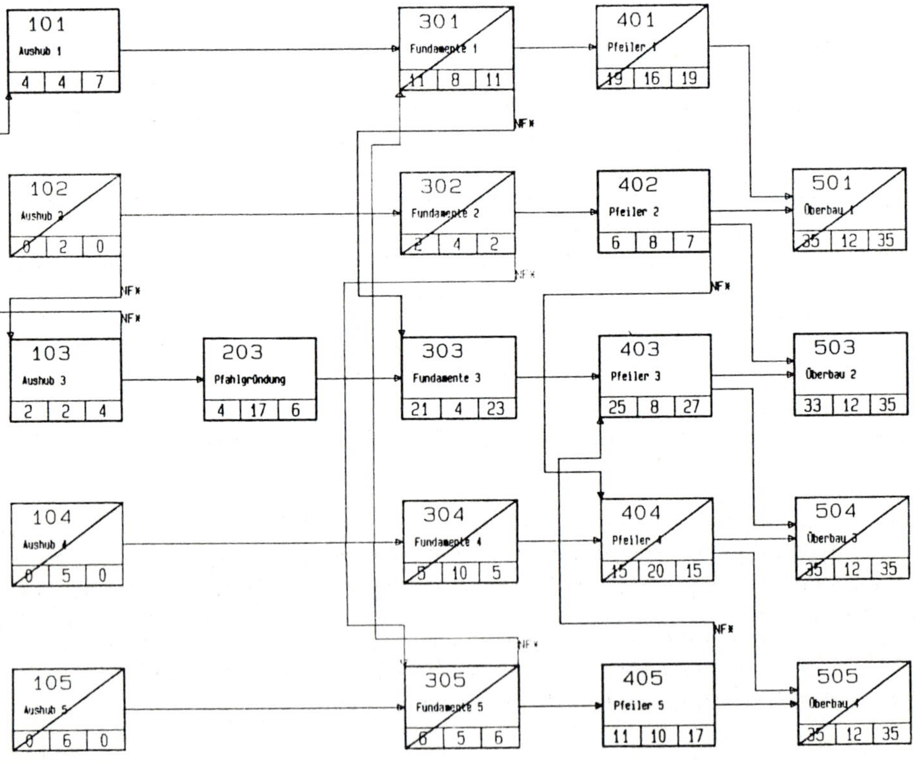

Bild 8.1 Halbautomatisch erstellter Netzplan (Typ VKN) mit dem Programmsystem PROSA.

Die Positionierung ist durch die Angabe von zwei Koordinaten einfach zu bewerkstelligen. Der Aufsteller kann damit viel zur brauchbaren Gestaltung der Netzpläne beitragen. Wenn er z.B. rückläufige oder sich überschneidende Pfeile vermeiden will, muß er die Positionierung ändern, also neue Vorgangskoordinaten eingeben.

Die Form der Vorgangsknoten sowie die Beschriftung der Felder sind weitere spezielle Einzelheiten, die unterschiedlich zu lösen sind. Hierzu ein Beispiel des hausinternen Programmsystems PROSA (Bild 8.1).

8.4.2 Gestaltung der Balkenpläne

Die kommerziellen Netzplanprogramme liefern häufig Balkenpläne, die viel zu groß, unhandlich und unübersichtlich sind. Schuld daran ist meist nicht die Datenmenge, sondern vielmehr die Datenaufbereitung:

- der Zeitmaßstab ist zu groß (die Pläne werden zu lang)
- die Anzahl der Vorgänge ist zu groß (die Pläne werden zu hoch)
- der Zusammenhang mit dem Kalender fehlt oder ist nur mangelhaft hergestellt.

Die grafische Netzplandarstellung muß wegen der vielen verschiedenen Anwendungsfälle flexibel gestaltet sein. Wenn schön
e Schaubilder für Besprechungen und Öffentlichkeitsarbeit erforderlich werden, ist farbige Computergrafik mit Plottereinsatz von Vorteil. Handelt es sich dagegen um Arbeitsunterlagen für die Projektbeteiligten, so kommt es weniger auf Schönheit als auf Schnelligkeit, Eindeutigkeit und Zuverlässigkeit an. Daher wäre der Drucker das bessere Hilfsmittel. Dies wissen auch die Software-Hersteller und handeln danach.

Ihre Antwort sieht aber zumeist so aus, daß sie für die gleichen Balkenpläne Wahlmöglichkeiten zwischen Drucker und Plotter schaffen. Das ist leider falsch, da der Druckerbenutzer gezwungen wird, seine DIN A4-Blätter aneinanderzukleben. Stattdessen wird ein Balkenplan im Listenformat gebraucht, der abgelegt oder leicht vervielfältigt werden kann. Dieser ist in der Projektakte abgeheftet und kann später in einer Nachtragsverhandlung mit dem vorausgehenden und nachfolgenden Plan verglichen werden. Die großen Wandtapeten sind zur Ablage sehr ungeeignet.

Natürlich muß bei dieser Ausgabetechnik anders verfahren werden. Die Vorgaben waren:

- es sind maximal 100 Zeiteinheiten waagerecht zugelassen
- alle Vorgänge werden aufsteigend nach FA sortiert
- nur Balken, die in den jeweiligen Zeitabschnitt passen, werden gedruckt (Vorgänge, die nicht zur Hälfte auf das Blatt passen, werden verkürzt dargestellt unter Angabe ihres vollen Zeitwertes).
- Bei jedem Blattvorschub wird der Zeitmaßstab so weit wie möglich nach links verschoben.
- Die A4-Blätter werden nur mit 1 bis X Vorgängen ausgenutzt.

Der daraus entstehende (reduzierte) Balkenplan könnte ebenfalls zusammengeklebt werden. Damit wäre unter Verzicht auf ein harmonisches Layout die „Mitteldiagonale“ des Balkenplanes grafisch aufbereitet. Dieses Bild hat aber den handfesten Vorteil, daß die Texte nicht irgendwo am linken Bildrand stehen, sondern sich unmittelbar neben den Balken befinden.

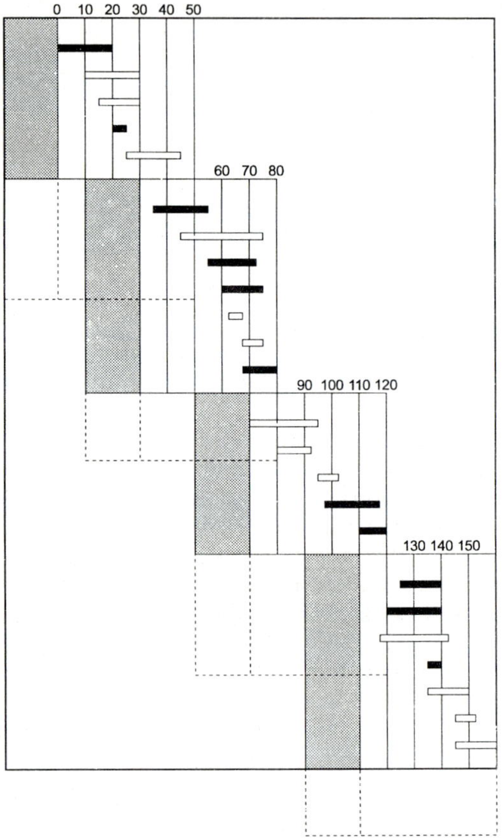

Bild 8.2 Prinzip einer Balkenplan-Liste im A4-Format nach PROSA, (gestrichelte Teile entfallen beim Zusammenkleben).

8.4.3 Balken-Netzpläne

Es gab immer wieder Verfechter von integrierten Balken- und Netzplänen, d.h. Netzplänen mit Zeitmaßstab. Anhänger dieser Richtung mit eigenen Entwicklungen war lange Zeit die ETH Zürich [8.5], aber auch die TH Karlsruhe [8.6]. Es gibt Datenstrukturen, die diese Darstellung durchaus sinnvoll erscheinen lassen (keine sehr intensive Vernetzung, wenig rücklaufende Pfeile aus negativen Normalfolgen).

Insgesamt scheint diese Entwicklung für EDV-Programme eher eine Sackgasse zu sein, weil viele Festlegungen und Fallunterscheidungen zu machen sind und der Universaleinsatz im Großprojekt stets fraglich bleibt.

Es bleibt ein Kompromiß zwischen Netzplan (=Ablauflogik) und Balkenplan (=Zeitmaßstab). Dem Liebhaber dieser Darstellungsform soll aber nicht der Appetit verdorben werden. Man könnte auch gewisse Pfeile der Struktur weglassen und die Anordnung nach streng aufsteigendem FA verlassen, um den Balkenplan von Überschneidungen durch Pfeile frei zu halten. Dies wäre durchaus interaktiv zu lösen, wenn diese Balkenpläne von Lauf zu Lauf konsistent bleiben.

Das Streben nach guter Computergrafik hat auf dem Gebiet der Netz- und Balkenpläne viele gute Konzepte hervorgebracht. Auch die Möglichkeit, mehrere Vorgänge bzw. Balken in einer Zeile anzuordnen und zu beschriften, führt zu verdichteten, übersichtlichen und formschönen Lösungen (s.Bild 3.1).

8.4.4 Standardnetzpläne und Multiprojektplanung auf EDV

Standardnetzpläne sind nach DIN 69900 Netzpläne mit festgelegter Ablaufstruktur zur wiederholten Anwendung gleichartiger Projekte oder Ablaufabschnitte. Vom NPT-Computer ist zu fordern, daß nach dem Einschalten jeder bearbeitete Datensatz aufgerufen oder angewählt werden kann.

Gesetzt den Fall, der Arbeitsvorbereiter wird von einer Baustelle angerufen und zu einer möglichen Veränderung im Netzplan befragt, den er vor einigen Wochen bearbeitet hat. Dann sollte er während anderer Arbeiten dieses Projekt möglichst sofort hereinholen und die gewünschte Veränderung vornehmen können. Alle sonstigen Varianten sind zeitaufwendig (z.B. Diskette heraussuchen und einlesen, dann wieder auf der Baustelle anrufen, dort keine Verbindung ...). Der Online-Betrieb über Bildschirm mit der Baustelle wäre natürlich der eleganteste Weg, der heute schon realisierbar ist.

Ein leistungsfähiges Programm-System sollte mindestens 100 Projekte zu je 1000 Vorgängen verwalten können. Auch wenn stets nur an einem Projekt gearbeitet wird, sollte jederzeit die Abspeicherung und der Aufruf eines beliebigen anderen Projektes möglich sein. Der Umfang von 100 Projekten ergibt sich aus der Notwendigkeit, frühere A6-Laufpläne zu archivieren und weiter benutzen zu können, ggf. auch Projektalternativen bei Auftrags- oder Nachtragsverhandlungen.

Solche Datenpflege und Archivkultur erlaubt auch, Standardnetzpläne, die neutralisiert sind, mit zu verwalten und ggf. vom Platz 100 auf den Platz Nr. 15 umzukopieren und dann dort zu variieren.

8.5 EDV-Programme zur Kosten- bzw. Kapazitätsplanung

Die bereits eingangs zitierte Studie von Dworatschek / Heyer über eine Expertenbefragung (s. [8.2]) läßt auch Rückschlüsse zu, wie EDV-Programme für weiterführende Planungsschritte über die reine Zeitplanung hinaus zu gestalten sind.

Kostenplanung

Zur Kostenplanung wurden alle wichtigen Einzelheiten in Abschnitt 6 gebracht. Zwei Drittel der Befragten wünschten die Unterscheidung von 5 bis 10 Kostenarten je Vorgang, was zu einer starken Aufschlüsselung der Kosten führen muß. Da die Vorgänge die Kostenträger sind, muß je Vorgang eine spezielle Datei angelegt werden, um die Daten transparent zu halten und einen sicheren Änderungsdienst zu erlauben. Die Kostenarten insgesamt sollten nicht beschränkt sein.

Welche Ausgabeformen werden für die Kostenplanung benötigt?

nur Kostensummenlinien	Kostensummen- u Kostenganglinien.
10	90

Im praktischen Planungsbetrieb kann auch eine Kostenverteilung auf Kalenderjahre eine wichtige Rolle spielen, da alle öffentlichen Stellen über Jahresbudgets verfügen, von denen sie möglichst weder nach unten noch nach oben abweichen dürfen.

Betriebsmittelplanung

Wieviele Betriebsmittelarten werden pro Vorgang benötigt?

1	2 bis 4	5 bis 10	über 10
3	12	67	18

Hinter diesem Ergebnis sollte ein Fragezeichen stehen. Denn man sollte überhaupt nur Engpaß-BM genau verplanen, nicht etwa den Turmdrehkran, der ohnehin auf der Baustelle steht, oder den Kompressor. Dagegen könnte ein großer Mobilkran, der für eine Montagearbeit eingesetzt werden muß, ein solches knappes BM sein. Dazu wird auch spezielles Montagepersonal benötigt, das als zweites BM gleichzeitig dabei sein müßte. Vielleicht ist bei kritischen Dingen auch noch ein drittes BM vonnöten. Mehr braucht man wohl kaum bei einem Vorgang gemeinsam oder gleichzeitig. Der nächste Vorgang kann von völlig anderer Art sein und die gleichen oder andere knappe Ressourcen erfordern.

Sollten die Vorgänge so global gefaßt sein, daß sie viele Einzelheiten unter einer Überschrift zusammenfassen, so muß entweder auf eine detaillierte BM-Planung verzichtet oder eine sinnvolle Vorgangsaufteilung vorgenommen werden. Denn für knappe BM ist die Aussage fundamental wichtig, ob sie am Anfang, in der Mitte, am Ende oder ständig bei diesem Vorgang gebraucht werden.

Merke:

Genaue BM-Planung erfordert eine gleich genaue Zeitplanung

Ablaufpläne zu archivieren und weiter benutzen zu können, ggf. auch Projektalternativen bei Auftrags- oder Nachtragsverhandlungen.

Solche Datenpflege und Archivkultur erlaubt auch, Standardnetzpläne, die neutralisiert sind, mit zu verwalten und ggf. vom Platz 100 auf den Platz Nummer 15 umzukopieren und dort zu variieren. Ähnlicher Art sind auch die Erfordernisse bei der Muliprojektplanung: Mehrere Projekte führen ihr Eigenleben in der Projektdatei. Sie laufen zumindest teilweise gleichzeitig ab, müssen jadeite plötzlich wegen eines knappen BM koordiniert werden. Wen die Gesamtvorgangszahl unter 1000 bleibt, können die 3 Datensätze in einer neuen Datei zusammengefaßt werden, natürlich unter Beibehaltung der 3 Einzelprojekte und mit Wahrung der zeitlichen Verschiebung der Projekte untereinander. Es kann passieren, daß diese Projektkoordinierung nicht zum Ziel führt und daß ganz andere Wege beschritten werden müssen. Dies könnte ebenso ein Resultat sein wie Eingriffe in die 3 Teilnetze, um alle Vorgänge für das knappe BM in eine sinnvolle Reihenfolge zu bringen.

Diese Art von Ansprüchen an NPT-Software entspringt den Erfahrungen aus dem Projektmanagement für anspruchsvolle Bauaufgaben.

9 Teilnetztechnik für umfangreiche oder hierarchische Netzplanstrukturen

Wie bereits früher erwähnt, sollen in der Praxis keine zu umfangreichen Netzpläne entwickelt werden, weil sie in der späteren Baudurchführung zu hohe Kosten verursachen. Die NPT liefert das Instrumentarium dafür selbst, weil die Terminauswirkung von einem Teilprojekt auf ein anderes ganz einfach mit Terminvorgaben erfaßt werden kann (die ggf. auch verändert werden könnten).

Auch die andere Schiene, die Kapazitätsplanung mehrerer Teilprojekte zu konzentrieren und diese Projekte als Teile eines Ganzen zu behandeln, führt zu größeren Strukturen. Doch auch dieser Weg wird im allgemeinen unter der magischen Grenze von 1000 Vorgängen bleiben, weil stets nur der aktuelle Zeitraum von 3 bis 6 Monaten geplant und untersucht werden muß. Etwa nach der halben Zeit ist eine neue Vorausschau erforderlich.

Trotzdem gibt es Problemfelder, wo große Netzplanstrukturen entstehen können, deren Blöcke oder Teile sich gegenseitig beeinflussen, z.B. in wissenschaftlichen Themenstellungen (Optimierungen o.ä.). Bild 9.1 zeigt den gegenseitigen Einfluß von fachlichen Teilnetzplänen. Ähnliche Problemstellungen resultieren aus hierarchischen Netzplanstrukturen, wo die Grobebene und die Detailebene aufeinander abgestimmt sein müssen. Es ist ein leidiges Thema der Planer, daß unterschiedlich genau ausgearbeitete Abläufe erst aufeinander abgestimmt werden müssen. Ein aus einem Netzplan herausgeschnittener Meilenstein-Netzplan stimmt zwar zunächst mit dem Detailnetzplan überein. Beide entwickeln aber ihre eigene Dynamik, wenn entweder Meilensteine verschoben oder Details verändert werden oder beides. Hier empfiehlt sich, die Mittel der Teilnetztechnik einzusetzen.

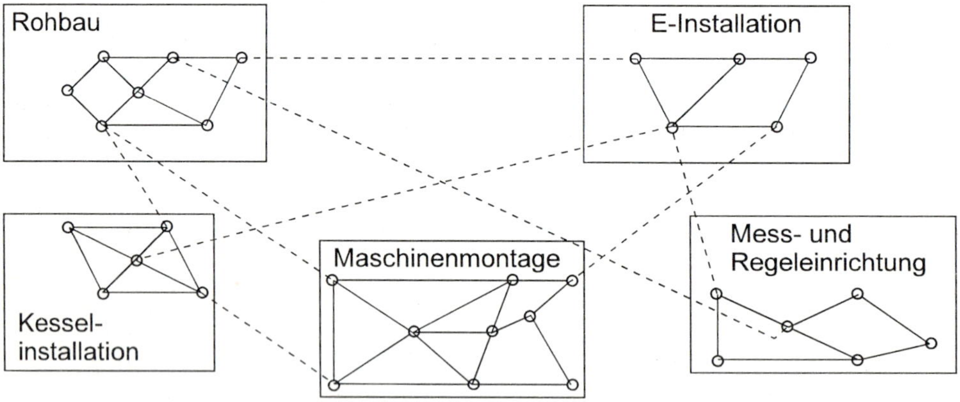

Bild 9.1 Aufteilung des Planungsnetzes für ein Industrieprojekt nach Zuständigkeiten

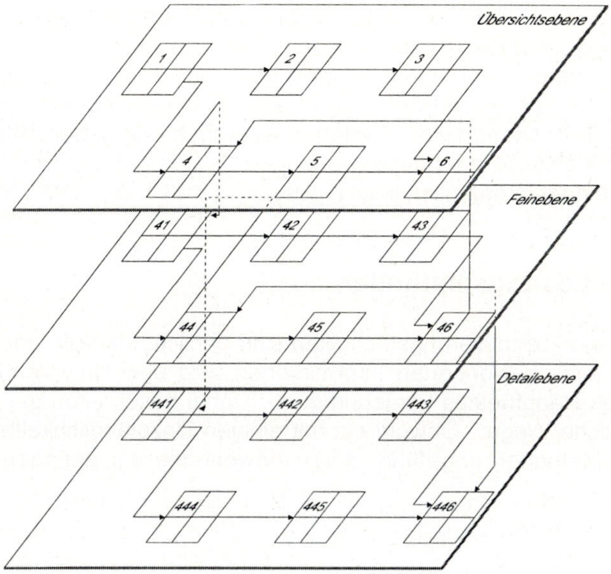

Bild 9.2 Partielle Netzplandetaillierung entsprechend den Erfordernissen des Projektfortschrittes

9.1 Begriffe

Jedes *Hauptnetz* läßt sich nach vorgegebenen Kriterien in *Unternetze* und ein *Verbindungsnetz* zerlegen, das die Unternetze untereinander bzw. mit dem Projektanfang und dem Projektende verknüpft. Das Verbindungsnetz setzt sich aus *Verbindungsvorgängen*, die den Anschluß zwischen Unternetz und Verbindungsnetz oder den Unternetzen untereinander sicherstellen, und den zwischen den Verbindungsvorgängen liegenden *Zwischenvorgängen* zusammen. Statt eines Verbindungsnetzes können auch lediglich nicht miteinander zusammmenhängende Verbindungsvorgänge vorhanden sein.

Man bezeichnet ein Unternetz als offen, wenn es mehrere Anfangs- und/oder Endvorgänge hat, und als geschlossen, wenn nur ein Anfangs- und ein Endvorgang existieren (Bild 9.3).

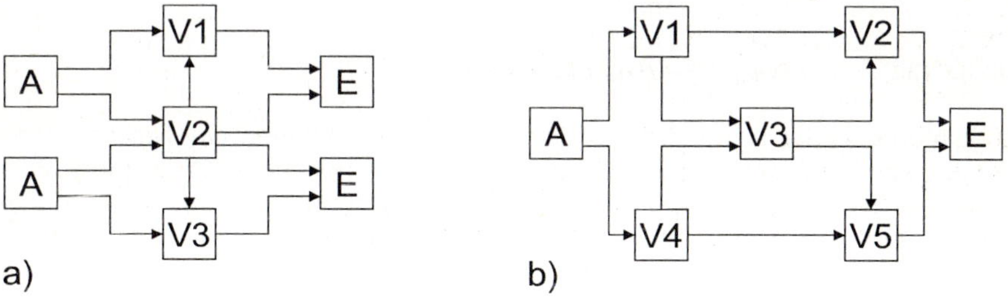

Bild 9.3 Offenes und geschlossenes Unternetz

Diejenigen Vorgänge des Unternetzes, in die von außen Anordnunghsbeziehungen einmünden, sind die *Eingänge*, während unter den Ausgängen die Vorgänge verstanden werden, von denen Anordnungsbeziehungen nach außen wegführen. Auch kann ein Unternetz mehrere Ein- und Ausgänge haben und kann ein einzelner Vorgang sowohl Ein- als auch Ausgang sein. Zwingend ist jedoch, daß jeder Anfangsvorgang eines Teilnetzes gleichzeitig ein Eingang und jeder Endvorgang ein Ausgang sein muß, da anderenfalls ein fehlerhaft nicht in sich geschlossenes Hauptnetz vorliegt.

9.2 Einfache Lösungsmethoden

Die Grundzüge aller Terminierungstechniken sind ähnlich: Mit Hilfe der bei der Berechnung der Unternetze gewonnenen Informationen wird über das Verbindungsnetz die Terminierung des Hauptnetzes vorgenommen. Dabei beschreiten die einzelnen Autoren unterschiedliche Wege. Obwohl sie mit einigen Unzulänglichkeiten behaftet sind, seien hier zwei Methoden angeführt, deren Anwendung nur geringen Aufwand erfordert:

9.2.1 Terminierung mit Teilnetztechnik

Voraussetzung ist das Vorliegen von geschlossenen Unternetzen; offene Teilnetze werden durch einen Kunstgriff in geschlossene umgewandelt, indem man allen Anfangsvorgängen einen gemeinsamen zusätzlichen Anfangsvorgang mit der Dauer 0 vorschaltet und auch sämtliche Endvorgänge zu einem weiteren gemeinsamen Endvorgang mit der Dauer 0 zusammenzieht.

Über den kritische nWeg erhält man die Dauer jedes einzelnen Teilnetzplans D_{TNi}.
Die Summe der Dauern aller Teilnetze ergibt die Dauer des Hauptnetzes D_{HN}

$$D_{HN} = \sum_{1}^{i} D_{TNi}$$

und die tatsächlichen frühesten Anfänge aller Teilnetze FA_{TNi} lassen sich sukzessiv errechnen:

$$FA_{TN1} = 0$$
$$FA_{TN2} = FA_{TN1} + D_{TN1}$$
$$FA_{TN3} = FA_{TN2} + D_{TN2}$$

Allgemein gilt: $FA_{TN(i+1)} = FA_{TNi} + D_{TNi}$

Durch Einführung der tatsächlichen frühesten Anfänge können die Termine aller Vorgänge in den Teilnetzen berechnet werden. Der beschriebene Weg kann als rasch ausführbares Näherungsverfahren eingeschlagen werden; er liefert nur dann exakte Termine, wenn die Teilnetze nur einen Ein- und einen Ausgang haben. In der Regel sind jedoch mehrere Ein- und Ausgangsvorgänge vorhanden, hier tritt in den meisten Fällen eine Verschiebung der Termine in die Zukunft auf. Dies ist leicht einsehbar, da das Verfahren vereinfachend davon ausgeht, daß zum Zeitpunkt des frühesten Anfangs jedes Teilnetzes sämtliche Vorgänge der vorauslaufenden Teilnetze abgeschlossen sein müssen, was für das Hauptnetz nicht unbedingt zutreffen muß.

9.2.2 Erweitertes Teilnetzverfahren

Berücksichtigt man sämtliche vorhandenen Verknüpfungen zwischen den Teilnetzen, dann kann man den Genauigkeitsgrad der Terminierung des Hauptnetzes erheblich steigern; allerdings erhöht man dabei auch den Rechenaufwand beträchtlich. Neben der inneren Struktur und den Zeitwerten der Teilnetze fließen bei diesem Verfahren ebenfalls Art und Dauer der zwischen den Teilnetzen bestehenden Anordnungsbeziehungen mit den jeweiligen Bezugsvorgängen in die Berechnung ein. An jeder Verknüpfungsstelle ist der früheste Anfangstermin des Eingangs zu bestimmen, indem der späteste Endtermin des vorangegangenen Teilnetzausgangs ermittelt wird. Die Teilnetze werden, bei ihrem Anfangsvorgang beginnend, in der Reihenfolge des Netzverlaufs berechnet, wobei an jedem weiteren Eingang zu prüfen ist, ob der errechnete früheste Anfangstermin durch einen aus dem vorangehenden Teilnetz stammenden höheren Zeitwert korrigiert werden muß. Das Errechnen dieser Zeitwerte birgt insbesondere bei umfangreichen Netzen mit einer großen Zahl von Verknüpfungen erhebliche Fehlerquellen.

Ausgehend von den frühesten Anfangsterminen der Anfänge und aller zusätzlichen Eingänge der Teilnetze erfolgt die weitere Terminierung der Vorgänge des Hauptnetzes in gewohnter Weise. Das Verfahren rechtfertigt den höheren Arbeitsaufwand insofern, als es nahezu exakte Termine liefert, da es der tatsächlichen Struktur des Hauptnetzes bei der rechnerischen Behandlung der Teilnetze weitgehend Rechnung trägt.

9.3 Reduktionsmethode

Eine exakte Terminierung großer Netzpläne mit Hilfe von Teilnetzen läßt sich allein durch Reduktion der Unternetze erreichen. Sind sowohl offene als auch geschlossene Unternetze mit einem oder mehreren Ein- und Ausgängen unabhängig davon geeignet, ob ein vollständiges Verbindungsnetz existiert, lediglich isolierte Verbindungsvorgänge vorhanden sind, oder keines von beiden. Damit erlaubt die Reduktionsmethode die rechnerische Behandlung von Teilnetzen jeglicher Art. Die Verfahrensanwendung erfolgt in vier Schritten: Nach der Aufspaltung des Hauptnetzes in die einzelnen Unternetze, ein etwa vorhandenes Verbindungsnetz und/oder Verbindungsvorgänge werden die Unternetze zunächst reduziert und in dieser Form zusammen mit dem Verbindungsnetz und den Verbindungsvorgängen zum reduzierten Hauptnetz aneinandergefügt. Anschließend werden die Unternetze unter Berücksichtigung der bei der Berechnung des reduzierten Hauptnetzes gewonnenen Eckdaten exakt terminiert.

9.3.1 Aufspaltung in Unternetze

Grundsätzlich erlaubt die Methode jede Art der Dekomposition, so daß eine Teilung des Netzplans nach Zuständigkeiten bei der Projektabwicklung erfolgen kann. Allerdings läßt sich der Arbeitsaufwand am weitesten einschränken, wenn man die Teilnetze so abgrenzt, daß möglichst wenig Ein- und Ausgänge entstehen; auf diese Weise kann das Hauptnetz - wie später gezeigt wird - am stärksten reduziert werden. Daher sollte man, wenn irgend möglich, stark vermaschte Teile des Hauptnetzes nicht auf verschiedene Unternetze aufteilen, um dadurch unnötig viele Ein- und Ausgänge zu vermeiden.

9.3.2 Reduktion der Unternetze

Im zweiten Verfahrensschritt werden die Unternetze so reduziert, daß sie im Hauptnetz die gleiche Wirkung haben wie die Original-Unternetze, aus denen sie entstanden sind. Dazu substituiert man jede Vorgangskette zwischen einem Eingang und einem Ausgang des Unternetzes durch einen *Ersatzvorgang* (Bild 9.4).

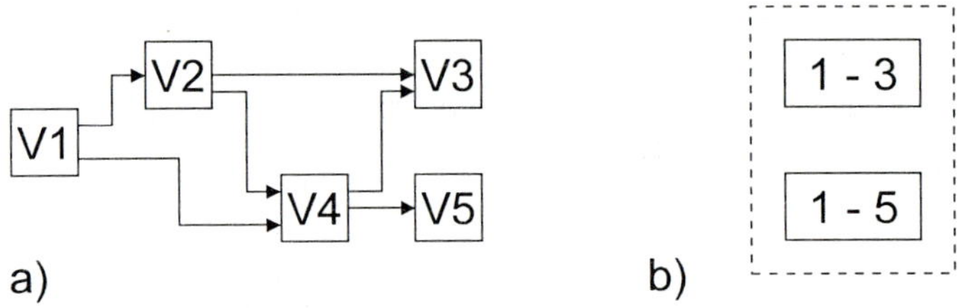

Bild 9.4 Reduktion eines Unternetzes auf zwei Ersatzvorgänge

Die Dauer des Ersatzvorganges entspricht dem Maximalwert der Dauern aller Verbindungswege durch das Unternetz zwischen dem zugehörigen Eingang und Ausgang. Für den Ersatzvorgang (1-3) des Bildes 9.4 erhält man:

$$D\ (1\text{-}3) = \max. \begin{cases} D1 + D2 + D3 \\ D1 + D2 + D4 + D3 \\ D1 + D4 + D3 \end{cases}$$

Die Berechnung der zeitlängsten Wege zwischen allen Ein- und allen Ausgängen kann bei kleineren bis mittleren Unternetzen mit etwas Übung von Hand erfolgen, bei umfangreichen Teilnetzen ist ein EDV-Einsatz zweckmäßig. Da die Rechnung nicht nur zwischen Anfang und Ende, sondern auch zwischen jedem Ein- und jedem Ausgang durchzuführen ist, überfordert sie ein herkömmliches Rechnerprogramm. Dieser Schwierigkeit kann man jedoch auf einfache Weise begegnen:

Man schaltet allen Unternetzeingängen einen Scheinvorgang vor und allen Ausgängen einen nach. Der Scheinvorgang vor dem jeweils betrachteten Eingang erhält einen gegenüber der Dauer des zeitlängsten Weges sehr großen Zeitwert, alle anderen bekommen die Dauer 0. Auf diese Weise wird stets nur der längste Weg zwischen einem Eingangs- und allen Ausgangsknoten maßgebend, und man errechnet als Differenz zwischen dem frühesten Ende des Ausgangs und dem frühesten Anfangstermin des Eingangs die Dauer des Ersatzvorganges. Erhält man eine negative Dauer, so entfällt der Ersatzvorgang. Dieser Formalismus kann auch die Handrechnung größerer Unternetze vereinfachen.

9.3.3 Berechnung des reduzierten Hauptnetzes

Als nächstes werden sämtliche reduzierten Unternetze mit dem Verbindungsnetz und den Verbindungsvorgängen zum reduzierten Hauptnetz zusammengesetzt. Dabei ist zu beachten, daß die Ersatzvorgänge untereinander und mit dem Verbindungsnetz über die gleichen Anordnungsbeziehungen zu verknüpfen sind, mit denen die entsprechenden Ein- und Ausgänge der verschiedenen Original-Unternetze untereinander und mit den Vorgängen des Verbindungsnetzes im Original-Hauptnetz verbunden sind. Das reduzierte Hauptnetz wird anschließend vor- und rückwärts berechnet und gibt für die spätere Terminierung der Original-Unternetze folgende Informationen:

1. Die Projektdauer ist ermittelt.

2. Die kritischen Wege der Unternetze und damit auch des Hauptnetzes liegen fest. Ist ein Ersatzvorgang kritisch, so sind alle Vorgänge auf dem von ihm substituierten zeitlängsten Weg des Originalnetzes ebenfalls kritisch.

3. Verbindungsnetz und/oder Verbindungsvorgänge sind endgültig terminiert.

4. Die frühesten Anfangstermine der Ersatzvorgänge weisen den frühesten Beginn der zugehörigen Unternetzeingänge aus.

5. Die spätesten Endtermine der Ersatzvorgänge geben die spätesten Enden der entsprechenden Unternetzausgänge an.

9.3.4 Berechnung der Original-Unternetze

Im Hauptnetz werden die frühesten Anfangstermine der Unternetze durch die frühesten Endzeitpunkte der eingehenden Verbindungsvorgänge oder die von einem anderen Unternetz ausgehenden Anordnungsbeziehungen bestimmt. Die spätesten Endtermine der Unternetze ergeben sich aus den spätesten Anfangszeitpunkten der ausgehenden Verbindungsvorgänge oder den spätesten Anfängen der weiterführenden Verbindungsvorgänge. Die frühesten und spätesten Termine des Verbindungsnetzes werden im reduzierten Hauptnetz unmittelbar bestimmt.
Für die anschließende Berechnung zeichnet man das Original-Unternetz zusammen mit den angrenzenden Verbindungsvorgängen auf. Zwischen den Anfangsknoten und die in das Unternetz laufenden Verbindungsvorgänge bzw. die sonstigen Unternetzeingänge schaltet man Sperrfolgen SpF_i mit solchen Dauern ein, daß die frühesten Starttermine der Eingänge mit den im reduzierten Hauptnetz berechneten Zeitwerten übereinstimmen. Entsprechende Sperrfolgen werden auch zwischen allen Unternetzausgängen und den gemeinsamen Endknoten angebracht: ihre Dauern müssen die im reduzierten Hauptnetz ermittelten spätesten Anfangstermine der zugehörigen Verbindungsvorgänge und Unternetzausgänge sicherstellen (Bild 9.5).

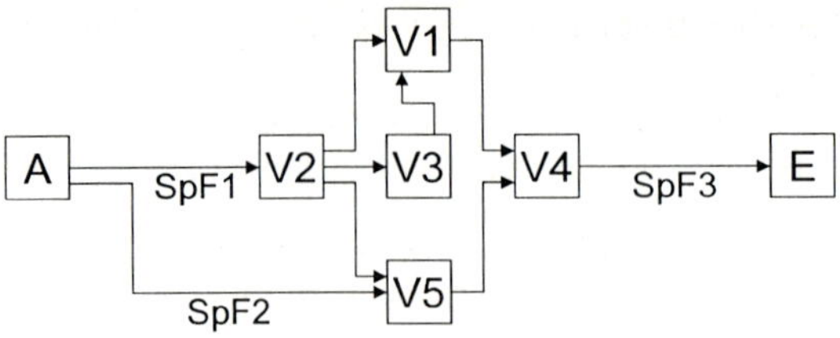

Bild 9.5 Unternetz mit Sperrfolgen zur Fixierung der Anfangs- und Endzeitpunkte

Kann man anhand der Struktur und der Zeitwerte des reduzierten Hauptnetzes absehen, daß eine gemäß der vorstehenden Regel angebrachte Sperrfolge weder in der Vorwärts- noch in der Rückwärtsrechnung terminbestimmend sein wird, dann kann vereinfachend auf ihre Zwischenschaltung verzichtet werden.

Die bei der exakten Durchrechnung der Unternetze ermittelten Zeitpunkte für die Ausführung der einzelnen Vorgänge sind endgültig und können folglich in das Original-Hauptnetz übertragen werden. Sie stimmen mit den Terminen überein, die sich bei der direkten Berechnung des Hauptnetzes ergeben hätten.

10 Projektsteuerung aus der Sicht des Vertrags- und Vergaberechtes

10.1 Ingenieurverträge zur Projektsteuerung

Von ganz besonderer Wichtigkeit für den Erfolg der Projektsteuerung ist es, wer diese Projektsteuerung verantwortlich durchführen soll. Dies hängt weitgehend von der Art der Vergabe ab: Wenn nach Fachlosen vergeben wird, dann sollte normalerweise der Auftraggeber selbst für die Terminplanung und Projektsteuerung Sorge tragen. Wenn er über geeignetes Fachpersonal verfügt, das mit besonderer fachlicher Autorität ausgestattet sein muß, dann kann er dieses zur Projektsteuerung einsetzen.

Dieses Vorgehen trägt allerdings auch die Gefahr des Mißerfolges in sich, weil ein Angestellter oder Bediensteter stets auch die Terminerfüllung der eigenen Organisation überprüfen muß, so daß er leicht in eine Konfliktstellung zum eigenen Hause geraten kann, bei der er möglicherweise nachgeben und damit die Termineinhaltung aufs Spiel setzen wird.

Diese Gefahr kann vermieden werden, wenn externe Fachingenieure für Terminplanung mit der Wahrnehmung dieser Aufgaben betreut werden. Diese sind im Rahmen ihrer Aufträge unabhängig und nicht an die Weisungen der Geschäftsleitung gebunden. Das Leistungsbild für derartige Ingenieurverträge ist in § 31 HOAI vorgezeichnet und lautet:

§ 31 Projektsteuerung

(1) Leistungen der Projektsteuerung werden von Auftragnehmern erbracht, wenn sie Funktionen des Auftraggebers bei der Steuerung von Projekten mit mehreren Fachbereichen übernehmen. Hierzu gehören insbesondere:

1. *Klärung der Aufgabenstellung, Erstellung und Koordinierung des Programms für das Gesamtprojekt,*
2. *Klärung der Voraussetzungen für den Einsatz von Planern und anderen an der Planung fachlich Beteiligten (Projektbeteiligte),*
3. *Aufstellung und Überwachung von Organisations-, Termin- und Zahlungsplänen, bezogen auf Projekt und Projektbeteiligte,*
4. *Koordinierung und Kontrolle der Projektbeteiligten, mit Ausnahme der ausfüh-ren-den Firmen,*
5. *Vorbereitung und Betreuung der Beteiligung von Planungsbetroffenen,*
6. *Fortschreibung der Planungsziele und Klärung von Zielkonflikten,*
7. *laufende Informationen des Auftraggebers über die Projektabwicklung und rechtzeitiges Herbeiführen von Entscheidungen des Auftraggebers,*
8. *Koordinierung und Kontrolle der Bearbeitung von Finanzierungs-, Förderungs- und Genehmigungsverfahren.*

(2) Honorare für Leistungen bei der Projektsteuerung dürfen nur berechnet werden, wenn sie bei Auftragserteilung schriftlich vereinbart werden.

Dieses Leistungsbild ist jedoch nicht erschöpfend und auch sicher nicht endgültig festgelegt. Maßgeblich für die Honorarfindung muß es vor allem sein, ob eine einmalige Terminplanung stattfindet oder ob ein Projekt über die gesamte Planungs- und Ausführungszeit hin betreut werden soll. Dies erfordert in der Regel mehrere Terminpläne, die nach der jeweiligen Entwicklung des Projektes aktualisiert und fort-geschrieben werden müssen. Regelmäßige Bauzeitkontrollen erfordern den wieder-holten Einsatz des Terminfachmannes. Auch wenn bereits ein Netzplan existiert, muß der Datensatz für jede Kontrollrechnung der neuen Situation angepaßt werden. Außerdem erfordert jede Bauzeitkontrolle einen ausführlichen Bericht an den Auftraggeber. Ganz besonders aufwendig sind auch Kosten- und Budgetverfolgungen im Rahmen der Projektsteuerung.

Falls eine Gesamtvergabe an einen Generalunternehmer oder Generalplaner erfolgt, muß der Auftraggeber sich überlegen, ob er die Projektsteuerung selbst behalten oder mit vorgeben will. Natürlich muß der Generalunternehmer eine wirkungsvolle Projektsteuerung vornehmen; er sollte dies aber im Interesse des Auftraggebers nicht in seinem Hause und nicht mit eigenen Kräften tun, weil dann die bereits beschriebene Konfliktsituation entstehen kann. Der Auftraggeber sollte stets darauf drängen, daß ein unabhängiger Terminingenieur seines Vertrauens mit Kontrollbefugnissen eingesetzt wird. Nur dadurch kann er objektive Informationen über den Stand des Projektablaufes erhalten.

Unter Umständen ist bei einer Gesamtvergabe eine Projektsteuerung in der Regie des AG und eine zweite Projektsteuerung im Hause des GU angezeigt (Bild 10.1).

In der Vergangenheit wurde wiederholt eine hohe Genauigkeit bei der Projektsteuerung großer Bauvorhaben angestrebt. Beispielsweise hat man die Teilzahlungen an bestimmte Zwischentermine des Projektablaufes gekoppelt, so daß allein aus diesem Grunde eine genaue Projektsteuerung erfolgen mußte. Diese Präzisionsarbeit kostet naturgemäß etwas mehr als ein reines Informationssystem, das normalerweise zur Projektsteuerung ausreicht.

Eine Projektsteuerung ist aus rechtlicher Sicht keine Versicherung für die Einhaltung von gegebenen Terminen. Die Erfahrungen zeigen jedoch, daß alle Beteiligten (einschließlich politischer Gremien) sich im Rahmen von Projektsteuerungen bemühen, ihre Beiträge und Entscheidungen zeit- und fristgerecht zu liefern. Gerade politische Gremien, wie z.B. Vergabeausschüsse, sind wegen ihrer Säumigkeit und ihrem starken Einfluß von den Projektleitungen gefürchtet, da sie schwer berechenbar sind und zu Verspätungen neigen (Vertagungen etc.). Hier verhilft eine professionelle Projektsteuerung allen Beteiligten zur gewünschten Terminerfüllung.

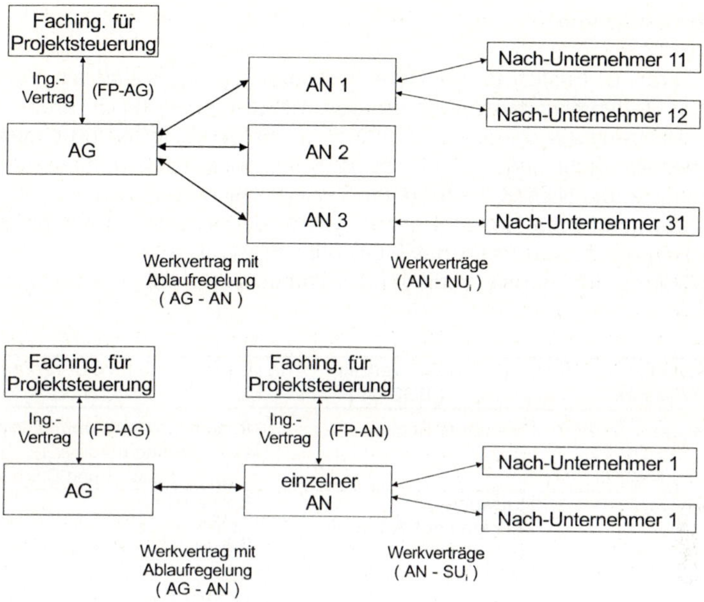

Bild 10.1 Vertragsverhältnisse bei der Projektabwicklung:
oben: Vergabe nach Fachlosen,
unten: Gesamtvergabe an Generalplaner oder Generalunternehmer.

10.2 Termine und Fristen in den Werkverträgen mit den Planern und Baufirmen

In der Regel sind an der Planung und Abwicklung von größeren Projekten mehrere Partner beteiligt, deren Leistungsbereiche sich durch Wechselbeziehungen unmittel-bar beeinflussen. Dann ist eine wirksame Projektsteuerung nur möglich, wenn alle Beteiligten verpflichtet werden, die Daten des Ablaufplans zu beachten und bei ihrer Leistungserstellung zu berücksichtigen.

Dies kann nur durch die Aufnahme besonderer Bedingungen hinsichtlich der Ablaufplanung und -steuerung in die Werkverträge der AN sichergestellt werden, die bereits vor Baubeginn Rechtsklarheit darüber schaffen,

- welche Termine als für den Bauablauf wesentlich und unter allen Umständen einzuhalten sind (ggf. Zwischentermine, sicherlich aber Endtermine),
- welche Anpassungsmaßnahmen bei eingetretenen Terminverschiebungen oder bei notwendigen Änderungen zu ergreifen sind und
- welche Ansprüche sich für die Parteien ggf. aus Verspätungen ableiten lassen.

Besondere Bedeutung kommt der vertraglichen Regelung des Projektablaufes bei der Projektsteuerung auf der Basis von Netzplänen zu, da diese als präzises Planungsmittel die Auswirkungen von terminlichen Leistungsstörungen prognostizieren.

10.2.1 Vertragstermine

Nur solche Termine, Fristen und andere Ablaufbedingungen sind als Vertragstermine einzeln in den Bauvertrag aufzunehmen, deren Nichteinhaltung zu empfindlichen Störungen des zügigen und damit wirtschaftlichen Projektablaufes führt, damit das Haftungsrisiko der AN nicht ungebührlich ausgeweitet wird und die Projektkosten u.U. in die Höhe treibt. An die Nichteinhaltung von Terminvorschriften sind im Bauvertragsrecht einschneidende juristische Konsequenzen geknüpft. Sie sind unterschiedlich, je nach dem ob der Bauvertrag auf Basis des BGB oder der VOB abgeschlossen wurde. Eine Gegenüberstellung für häufig vorliegende Tatbestände solcher Leistungsstörungen zeigt Bild 10.2.

Tatbestand / Ansprüche aus	BGB-Vertrag (BGB §§)	VOB-Vertrag (VOB §§)
Keine Terminangabe für Baubeginn:	Sofortiger Beginn (§ 271 I)	Beginn innerhalb von 12 Werktagen nach Aufforderung durch AG (A § 11.1 Satz 3 und B § 5.2)
Verzug des AN: Überschreitung von Ausführungsterminen	Entweder Rücktritt des AG ohne Schadensersatzanspruch (§§ 636 I, 634 I-III, 326) oder Ersatz des Verzugsschadens einschl. entgangenem Gewinn (§§ 636 I, 634 I-III, 284, 286)	Entweder Aufrechterhaltung des Vertrages und Schadenersatz ohne entgangenen Gewinn (B §§ 5.4, 8.3) oder Kündigung durch den AG nach In-Verzug-Setzen (B §§ 5.4, 8.3) Mit Schadenersatzanspruch wegen Nichterfüllung einschl. entgangenem Gewinn (B § 8.3 Satz 2)
Verzug des AG: a) Verpätete Abnahme	Annahmeverzug (§ 293): Übergang der Gefahr auf den AG (§ 644 I 2) und Pos. Vertragsverletzung (§ 640): Ersatzanspruch für Mehraufwendungen (§ 304) und entstandenen Schaden (§ 286) nach In-Verzug-Setzen (§ 284 I)	Verletzg. der Abnahmepflicht (B § 12.1 und 2): Automatische Abnahme 12 Werktage nach Meldung der Fertigstellung (B § 12.5 Satz 1) bzw. 6 Werktage nach Beginn der Bauwerksnutzung durch AG (B § 12.5 Satz 2)
b) Nicht rechtzeitige Übergabe von Ausführungsunterlagen	Annahmeverzug (§ 642 I): Entweder: Schadenersatz (§ 642 II) oder Kündigung durch AN (§ 643) nach In-Verzug-Setzen (§ 284 I)	Schriftliche Anzeige der Leistungsbehinderung (B § 6.1), Verlängerung der Ausführungsfrist (B § 6.2 Satz 1a und 4), Schadenersatzanspruch ohne entgangenen Gewinn (B § 6.6), ggf. beiderseitiges Kündigungsrecht (B § 6.7)

Bild 10.2 Terminliche Vorschriften und ihre Rechtsfolgen.

Die häufig verwendete Vertragsklausel, daß ein vom AG erstellter oder vom AN zu erstellender Terminplan Vertragsbestandteil wird, ist weitgehend unwirksam. Der AG kann sich nicht darauf verlassen, daß der AN sich später exakt an den abgegebenen Terminplan halten wird, soweit dies nicht durch Vertragstermine abgesichert ist. Auch kann der AG den AN nicht zwingen alle Details seines Terminplanes einzuhalten, solange die End- und Zwischentermine des Vertrages nicht gefährdet sind. Ein solcher Terminplan soll zunächst nur aufzeigen, auf welche Weise und mit welchen Hilfsmitteln die Termin-Vorgaben des Bauvertrages erfüllt werden sollen. Selbstverständlich können hierbei während der Vertragserfüllung auch Änderungen vorgenommen werden.

10.2.2 Vertragsstrafen und Beschleunigungsvergütungen

Ein besonders schwieriges Thema ist die Festlegung von Vertragsstrafen für die Nichteinhaltung wichtiger Ecktermine. Dem AG ist im Normalfall einzig und allein daran etwas gelegen, das Bauwerk termingerecht übergeben zu bekommen. Schadenersatz wegen Nichterfüllung oder Schlechterfüllung eines Bauvertrages erfordert ein zeitaufwendiges Gerichtsverfahren, das keine positive Vertragserfüllung, sondern nur den nachträglichen Ersatz eines entstandenen Schadens bewirken kann.

Die o.a. Konventionalstrafe in der von den Gerichten als zulässig erachteten Höhe ist praktisch das einzige Druckmittel, um die pünktliche Vertragserfüllung von Seiten des AN sicherzustellen oder zumindest Druck in dieser Richtung auszuüben. Formaljuristisch sind an diese Konventionalstrafen hohe Anforderungen gestellt, indem diese im Vertrag vorher festgelegt und auf die Dringlichkeit des Auftrages zugeschnitten sein müssen. Dadurch wird den Vertragsterminen besonderes Gewicht verliehen.

Die AG berücksichtigen viel zu selten, daß ihnen die vorzeitige Vertragserfüllung Vorteile bringt, die durch eine Beschleunigungsvergütung anteilig an die AN weiter-gegeben werden kann. Ein Vertrag ist dann fair, wenn er die vorzeitige Erfüllung besonders honoriert, gegebenenfalls in gleicher Höhe wie die Konventionalstrafe.

Dies ist jedoch bei komplexen Bauvorhaben nur vertretbar, wenn der AG Termineinsparungen auch nützen, d.h. Folgegewerke vorziehen kann. Vorhandene Terminpläne und Netzpläne müssen darum stets *dynamisch* gehandhabt werden. Es muß möglich sein, eine (rechtzeitig) beauftragte Leistung um einige Wochen früher oder später abzurufen, wenn dies der Baufortgang erfordert oder ermöglicht. Die Bedingungen und Fristen, unter denen dies möglich ist und vorgenommen werden darf, sind im Bauvertrag speziell festzulegen.

Ingenieure und Juristen sollten sich stets vergegenwärtigen, daß *kein Bauvorhaben so abläuft, wie es vorab geplant* worden ist. Der Netzplan als Planungsmittel kann ohne Probleme auf neue Situationen umgeschrieben werden. Die vertraglichen Konsequenzen müssen aber für diese Fälle vorab feststehen.

Diese planungs- und baufortschrittorientierte Projektsteuerung fordert eine vertragliche Regelung, die zunächst lediglich die Dauern der Vorgänge festlegt, ihre Ausführung aber nur die *voraussichtlichen* Termine nennt. Erst wenn der mögliche Beginn einer Arbeit eindeutig feststeht, kann dann auch ihr vertraglicher Fertigstellungstermin absolut fixiert werden. Verschiebungen dieser Art dürfen jedoch nur innerhalb begrenzter, dem AN zumutbarer Grenzen vorgenommen werden. Eine nachträgliche Veränderung der Ausführungsdauer ist aber stets unzulässig, da deren Größe bestimmend für den Angebotspreis gewesen ist.

Dazu ein Beispiel:

Dauer der Fliesenarbeiten	8 Wochen
Voraussichtlicher Beginn	06. Mai 96
Voraussichtliches Ende	28.Juni 96

Bis zum 6. April 96 behält sich der AG die Möglichkeit vor, diesen Termin um eine Woche vorzuziehen oder um 2 Wochen nach hinten zu verschieben, ohne daß Mehrkosten für ihn entstehen.

10.2.3 Vertragszuschnitt auf die Projektsteuerung

Damit die Projektsteuerung funktioniert, bedarf sie der Absicherung in den Bauverträgen. Einerseits muß die für die Projektsteuerung zuständige Stelle kontinuierlich an den Informationsfluß angeschlossen sein, andererseits sind die Schlußfolgerungen und Anweisungen aufgrund der bei der Projektsteuerung festgelegten Zusammenhänge umzusetzen und bei der Ausführung zu berücksichtigen.

Sind in den Bauverträgen keine entsprechenden Klauseln enthalten, liegt für die Ausführenden die Versuchung nahe, den lästigen Terminingenieur dadurch unschädlich zu machen, daß man ihn einfach leerlaufen läßt. Erhält er keine oder unvollständige Auskünfte, steht seine Arbeit auf schwachen Beinen. Es besteht auch die Gefahr, daß die ausführenden Firmen eine besondere Vergütung verlangen, wenn sie Unterlagen über ihr Gewerk bereitstellen müssen, zu denen sie nach Vertrag nicht verpflichtet sind.

Diese Zusammenhänge wurden schon sehr früh bei der Projektsteuerung erkannt. Ein Arbeitsausschuß hat daraufhin Empfehlungen für die Gestaltung von "Besonderen Vertragsbedingungen für die Ablaufplanung und -steuerung (BVAS)" erarbeitet und veröffentlicht [10.1].

Diese BVAS sind allerdings so umfangreich formuliert, daß sie die Bauverträge über Gebühr erweitern und belasten. Nachweislich genügt es, in den zusätzlichen oder besonderen Vertragsbedingungen der Bauverträge einen besonderen Absatz einzufügen, in dem den Bietern mitgeteilt wird, daß dieses Projekt von einem besonderen Projektsteuerer betreut wird, daß der Auftragnehmer jederzeit zur unentgeltlichen Auskunfterteilung verpflichtet wird und daß den Anweisungen des Projektsteuerers Folge zu leisten ist, soweit diese rechtzeitig, d.h. mit zwei bis vier Wochen Vorlauf erteilt werden.

10.3 Bauzeitverfolgung und Kostenkontrolle im Verbund

Ziel der Projektsteuerung ist stets, die Zeitvorgaben und das Geldbudget einzuhalten. Nur mit einem Netzplan lassen sich die Projekte zielsicher steuern.

10.3.1 Bauzeitkontrolle mit dem Netzplan

1. Gesetzt den Fall, ein Projekt läuft in der vorgegebenen Art und Weise ab. Dann ist der vorab erarbeitete Netzplan (und seine logische Struktur) in der gesamten Projektzeit gültig.
   Am *Kontrolltag* setzen wir:
   - alle fertigen Vorgänge mit der Dauer Null an,
   - alle teilweise fertigen Arbeiten mit dem restlichen Zeitwert (den wir inzwischen genauer prognostizieren können als vor Beginn der Arbeiten),
   - alle noch nicht begonnenen Dinge mit dem nach heutigem Kenntnisstand benötigten Zeitwert, der ggf. vom bisherigen Zeitbedarf abweichen kann.

   Das Ergebnis der Netzplanberechnung ist die neue Bauzeit und der neue kritische Weg. Die Abweichungsanalyse vom bisherigen Plan wird ergeben, ob die Differenz unbedeutend, besorgniserregend, gravierend oder beängstigend ist. Entsprechend werden die Gegenmaßnahmen des Projektsteuerers bzw. der Projektleitung ausfallen.

2. Gesetzt den Fall, ein Projekt läuft (technisch) anders ab als zuvor geplant, z.B. mit zusätzlichen Arbeitsstellen, die eigentlich nicht geplant waren. Dann wird im Prinzip mit den aktuellen Zeitwerten neu durchgerechnet wie im ersten Fall, darüberhinaus müssen aber auch Abhängigkeiten im Netzplan verändert sowie Vorgänge hinzugefügt oder eliminiert werden. Dies kann sowohl lokale als auch globale Überarbeitungen der Netzpläne bewirken.
   Dies ist zwar prinzipiell schnell durchführbar, wenn man sich im Projektablauf gut auskennt; aber die Abweichungsanalyse ist erschwert, weil wenn beide Netzpläne nicht deckungsgleich sind. Ggf. ist ein höherer Kapazitätseinsatz erforderlich als zuvor o.ä.

   Verschieben sich Zwischen- und Entermine erheblich, so sind weitere Änderungen des Netzplanes und Eingriffe in den Ablauf unvermeidlich. Nur mit diesem schrittweisen Aktualisierungsdienst können die Zeitziele in den Bauverträgen auch wirklich erreicht werden.

Zeitkontrollen können im Normalfall im Monatsrhythmus vorgenommen werden, in kurz laufenden Projekten oder kritischen Bauphasen aber viel dichter. Der entscheidende Vorteil der Methode liegt in der genauen Vorhersage des Projektendes, ausgehend vom aktuellen Projektstand.

10.3.2 Differenzierte Kostenkontrollen

Im Abschnitt 6 wurde dargestellt, wie Budgetplanung und -kontrolle durchzuführen sind. Wenn das Projekt eines AN hinsichtlich der Kosten zielsicher abgewickelt werden soll, ist es zweckmäßig, eine Plankostenrechnung (Arbeitskalkulation) in der Vorgangsgliederung des Netzplanes anzufertigen.

Den Vorgängen werden dann ggf. nicht nur Kosten, sondern auch Lohn- und Gerätestunden zugeordnet. Die Baustellenaufschriebe liefern folglich monatliche

- Kostensummen,
- Lohnstundensummen und
- Gerätestundensummen,

so daß über die Fertigstellung der Vorgänge zuverlässige Soll-Ist-Vergleiche möglich sind. Rechtzeitige gezielte Eingriffe in den Bauablauf sind die Antworten auf etwaige Fehlentwicklungen.

Natürlich sind derartige Planungen aufwendiger als eine reine Budgetplanung und lohnen sich nur bei entsprechend komplexen Großprojekten. Die Vorgänge sind dann nicht nur Träger der Kostendaten, sondern auch von Lohnstunden und Gerätestunden, also drei verschiedenen Dimensionen. Diese können stets in Geld umgerechnet werden, verlieren aber dadurch letztlich ihren hohen Informationswert. Aus dem Schema für eine Plankostenrechnung wird erkennbar, wie eine solche Planungsrechnung aufzubauen ist (Bild 10.3).

Plankostenrechnung Baustelle:................					Datum:........................... Sachbearbeiter:..............				Seite		
OZ	Titel/Standardleistungsnummer Leistugsbeschreibung	Menge	Einh.	anteilig	BAS	h/E	h	Kostenartenschl.	DM/E	DM	Termin

Bild 10.3 Beispiel für eine wirkungsvolle Plankostenrechnung.

10.3.3 Projektsteuerung und Qualitätskontrolle im Verbund

Mit steigender Komplexität der Projekte wird häufig von der Auftraggeberseite gewünscht, daß der Projektsteuerer auch die Qualitätskontrolle übernimmt. Dies kann nicht zu eigener Probenahme oder Baustoffprüfung führen, weil die Projektsteuerungsbüros keine Prüfeinrichtungen oder Labors betreiben. Es ist nicht unlogisch, demjenigen, der sich intensiv mit dem Ablauf und ggf. auch der Kostenentwicklung des Projektes befaßt, zusätzliche Überwachungsaufgaben bei der Qualitätskontrolle zu übertragen.

Dies bedeutet für den Projektsteuerer, auf allen Stufen der Projektabwicklung Prüfzeugnisse der Lieferanten, Unternehmer und Handwerker zu sammeln, ebenso Zulassungen und Typenprüfungen etc. Alle laufenden Untersuchungen sind vom Projektsteuerer zu terminieren und ggf. zu veranlassen. Dienstleistungen dieser Art ergänzen die Palette der Projektsteuerung. Sie sind aber auf diesem Wege für den AG zuverlässiger und preiswerter zu beschaffen als von einem weiteren Kontrolleur, der sonst eingeschaltet werden müßte.

Abschließen ist ein entsprechender Bericht über die Qualitätskontrolle im Rahmen der gesamten Lieferungen und Leistungen zu erstellen. Diese Dokumentation dient der Absicherung der Bauherren vor möglichen späteren Schwierigkeiten mit Bau- und Handwerksfirmen bzw. Lieferanten.

Literaturhinweise

Zum Abschnitt 2

[2.1] Saynisch/ Schelle/Schub u.a.: Projektmanagement (Konzepte, Verfahren, Anwendungen). München 1979: Verl. R. Oldenbourg.

[2.2] Motzel, E. (Hrsg) u.a..: Projektmanagement in der Baupraxis... Berlin 1993: Verl. Ernst & Sohn.

[2.3] Witschi; Urs: Projekt-Management; der BWI-Leitfaden zu Teamführung und Methodik. Zürich 1996: Verl. Ind. Organisation.

[2.4] Wille/Gewald/Weber: Methoden zur Planung und Überwachung von Projekten. Bd. 1: Zeitplanung München 1972: Verl. R. Oldenbourg (3. Aufl.).

[2.11] Heiermann, W. u.a.: Seminar Bauverzögerung. Wiesbaden 1987: Bauverlag.

[2.12] Quack, F. u.a.: Rechtliche Problem-Stellungen beim Projektmanagement Wiesbaden 1995: Bauverlag

Zum Abschnitt 3

[3.1] Seeling, R.: Die Ermittlung von Zeitansätzen in der Bauvorbereitung. Baugewerbe 21/1977, S. 18-26.

[3.2] Garbotz, G.: Die Leistungen von Baumaschinen. Köln 1966, Rud. Müller-Verlag.

[3.3] Jurecka, W.: Kosten und Leistungen von Baumaschinen. Wien / New York 1975, Springer.

[3.4] Toussaint, E.: Leitfaden zur Bauvorgangsplanung. Berlin 1976, Ernst & Sohn (Reihe Bauing.-Praxis).

[3.5] Kiel, P. u. Th. Kuß: Leistungen von Baumaschinen. Hütte Bautechnik, Bd. III. Berlin 1977, Springer.

Zum Abschnitt 4.1 bis 4.7

[4.1.1] Berg/Meyer/Müller/Zogg: Netzplantechnik-Grundlagen, Methoden, Praxis. Verlag Industrielle Organisation, Zürich 1973.

[4.1.2] Autorenkollektiv: Netzplantechnik - Ein Fortbildungskurs im Medienverbund. VDI-Verlag, Düsseldorf 1971.

[4.1.3] Schwarze, J.: Netzplantechnik für Praktiker, Herne 1974. Verlag Neue Wirtschafts-Briefe (3. Auflage).

[4.1.4] Jurecka, W.: Netzwerkplanung im Baubetrieb (2. Aufl.), Wiesbaden 1972. Teil 1: Verfahrensgrundlagen; Teil 2: Optimierungsverfahren

[4.1.5] Küpper/Lüder/Streitferdt: Netzplantechnik. Würzburg 1975. Physica Verlag.

[4.1.6] Stommel, H.J.: Betriebliche Terminplanung. Berlin 1976. W. de Gruyter.

[4.1.7] Zimmermann, H.-J.: Netzplantechnik. Sammlung Göschen Bd. 4011. Berlin 1971: Walter de Gruyter.

[4.1.8] Seeling/Riedel: Bibliographie der Netzplantechnik. Aachen 1972.

Zum Abschnitt 4.8

[4.8.1] Seeling, R.: Zur Berechnung von Pufferzeiten in Netzplänen, Bauingenieur 47 (1972) S. 15-17.

[4.8.2] Schwarze, J.: Projektplanung mit einfachen Vorgangsknotennetzen. VDI-Z 113 (1971) Nr. 1, S. 7-12.

[4.8.3] Schwarze, J.: Zwei Bemerkungen zur Bestimmung von Pufferzeiten in Netzplänen. ZOR 17 (1973) 4, S. B111-B118.

Zum Abschnitt 4.9

[4.9.1] Seeling, R.: Beitrag zur Vereinheitlichung der Netzplantechnik, Bauingenieur 45 (1970) Nr. 1, S. 9-12.

[4.9.2] Schwarze, J.: Projektplanung mit einfachen Vorgangsknotennetzen. VDI-Z 113 (1971) Nr. 1, S. 7-12.

[4.9.3] Seeling, R.: Anordnungsbeziehungen in Netzplänen. Bauingenieur 48 (1973) Nr. 8, S. 298-300.

[4.9.4] Schub/Armon: Anordnungsbeziehungen in Netzplänen und ihre Verarbeitung im Programm BKN. Baumasch. und Bautechnik 19 (1972) Nr. 12, S. 499-507.

[4.9.5] Seeling, R.: Neuere Erkenntnisse über Anordnungsbeziehungen in Netzplänen. VDI-Z 117 (1975) 9, S. 430-435.

Zum Abschnitt 5

[5.1] Seeling, R.: Die Optimierung von Netzwerken durch Bildung bewerteter Trennungsmengen. Fortschritt-Berichte VDI-Z, Reihe 16, Nr. 3. Düsseldorf: VDI-Verlag 1967.

[5.2] Maidl, B.: Optimierung des Bauablaufes beim Pipeline-Bau. Der Bauingenieur 44 (1969) 5, S. 169-174.

[5.3] Jurecka, W.: Anwendungsbereiche und Probleme der Netzplantechnik im Baubetrieb. Fördern und Heben 18 (1968) 7, S. 419-428.

[5.4] Müller-Merbach, H.: Ein Verfahren zur Planung des optimalen Betriebsmitteleinsatzes bei der Terminierung von Großprojekten. AWF-Mitteilungen 42 (1967) 2, S. 5-9 und 3, S. 11-16.

[5.5] Jurecka, W.: Netzwerkplanung im Baubetrieb (Bd. 2). Bauverlag Wiesbaden 1972

[5.6] Müller-Merbach, H.: Optimale Projektbeschleunigung durch parametrische lineare Planungsrechnung. Elektron. Datenverarbeitung 2/1967, S. 33-40.

[5.7] v. Falkenhausen, H.: Prinzipien und Rechenverfahren der Netzplantechnik. ADL-Verlag 1965.

[5.8] Seeling, R.: Zeit-Kosten-Optimierung bei Netzplänen. Baumaschine und Bautechnik 19 (1972) 1, S. 11-18.

[5.9] Bruns, M.: Das Reihenfolgeproblem der Netzplantechnik. Diss. RWTH Aachen 1972.

[5.10] Seeling, R.: Reihenfolgeprobleme in Netzplänen. Die Bauwirtschaft 50/1972, S. 1897-1904.

[5.11] Kaesbohrer H.-P.: Ablaufplanung und Ablaufkontrolle mit Hilfe eines Netzplanes, gezeigt am Bau des Loses B II der Haltung Kriegenbrunn. Die Bautechnik 9 (1971) S. 300-307.

[5.12] wie [4.1.1].

[5.13] Seeling, R.: Nach Netzplan gesteuerter Maschineneinsatz. Baumaschine und Bautechnik 19 (1972) Nr. 3 S. 101-104.

[5.14] Hauck, W.: Möglichkeiten der Terminierung integrierter Netzpläne mit Hilfe von EDV-Anlagen. Ablauf- und Planungsforschung 10 (1969) Nr. 4, S. 441-447.

[5.15] Bartusch, M.: Optimierung von Netzplänen mit Anordnungsbeziehungen bei knappen Betriebsmitteln. Diss. RWTH Aachen 1983.

[5.16] Gewald/Kasper/Schelle: Kapazitätsoptimierung. München 1972: Verl. R. Oldenbourg.

Zum Abschnitt 6

[6.1] Seeling, R.: Das Verfahren „TERKO" zur Aufstellung von Kosten- u. Finanzplänen. Bauing. 50 (1975), S. 68-69

[6.2] Kaesbohrer H.-P.: Ablaufplanung u. Ablaufkontrolle mit Hilfe eines Netzplanes... Bautechnik 1971, S. 299-307.

[6.3] Komarnicki, J.: Ein projektbezogenes EDV-System zur integriertenTermin-Kosten-Planung m. Kontrolle. Techn. Mitt. Krupp Forsch.-Ber. 31 (1973), S. 25-38).

[6.4] Hutzelmeyer, H.: Integrierte Planung u. Kontrolle von Terminen, Massen u. Kosten..., Bauwirtsch. 1974, S. 376-86.

Zum Abschnitt 7

[7.1] Antill/Woodhead: Critical path methods in construction practice. New York-London: Wiley & Sons 1970 (2. Aufl.).

[7.2] Jurecka, W.: Netzwerkplanung im Baubetrieb Teil 2: Optimierungsverfahren. Wiesbaden-Berlin: Bauverlag 1972 (2. Aufl.).

[7.3] Müller-Merbach, H.: Optimale Projektbeschleunigung durch parametrische lineare Planungsrechnung. Elektron. Datenverarbeitung 2/1967, S. 33-40.

[7.4] wie [5.7].

[7.5] Seeling, R.: Die Optimierung von Netzwerken durch Bildung bewerteter Trennungsmengen. Düsseldorf: VDI-Verlag 1969: VDI-Fortschritt-Berichte Reihe 16, Nr. 3.

[7.6] wie [4.9.4].

[7.7] Seeling, R.: Neuere Erkenntnisse über Anordnungsbeziehungen in Netzplänen. VDI-Z 117 (1975) 9, S. 430-435.

[7.8] wie [4.9.5].

Zum Abschnitt 8

[8.1] wie [4.1.4], Teil 3.

[8.2] Seeling, R. und D. Schimke : Entwicklung eines Programmes zur Berechnung von Netzplänen auf EDV-Anlagen.
Baumaschinen u. Bautechnik 17 (1970), S. 85-92.

[8.3] Schmitz, A.: Entwicklung eines Verfahrens zur graphischen Darstellung von Netzplänen mittels EDV. Diss. RWTH Aachen 1974.

[8.5] wie [5.1.5].

[8.6] Dressler, J. und B.C. Paulson: Entwurf eines interaktiven Ablaufplanungs- und Ablaufkontrollsystems für das Bauwesen. Baumaschine und Bautechnik 5 (1975), S. 145-151.

Zum Abschnitt 9

[9.1] Stommel/Hauk/Schacht/Schmitz/Arping: Verfahren der Netzplantechnik und ihre Anwendung. Forschungsinstitut für Rationalisierung an der RWTH Aachen, 2. Aufl. (1971).

[9.2] Lüttgen, H.: Reduktion und Dekomposition von Planungsnetzen.
Ablauf- und Planungsforschung 7 (1966), Nr. 2, S. 92-104.

[9.3] Schmitz/Stommel/Theis: Auswählen und Verdichten von Projektinformationen in Netzplanform mit dem Netzplanprogrammsystem MANDAS.
Zeitschrift für wirtschaftliche Fertigung 68 (1973) Nr. 12, S. 662-665.

[9.4] Schlee, W.: Ein Algorithmus für Teilnetzpläne. Zeitschrift für Operations Research 17 (1973) Nr. 6, S. B167-B172.

[9.5] Lüttgen, H.: Reduktion und Dekomposition von PERT-Netzen. Ablauf- und Planungsforschung 8 (1967), Nr. 3, S. 370-379.

[9.6] Trommer/Theis: Entwicklung eines Verfahrens zur Informationsverdichtung bei umfangreichen Netzplänen. Forschungsbericht des Forschungsinstitutes für Rationalisierung an der RWTH Aachen (1974).

Zum Abschnitt 10

[10.1] Diederichs, C.D. und R. Schirmer: Besondere Vertragsbedingungen für die Ablaufplanung und -steuerung. Bauwirtschaft 50/1974, S. 2031-2038.

[10.2] Martinsen, U.: Termineinhaltung - ein Problem der Ablaufplanung, -steuerung und Vertragsgestaltung. Bauwirtschaft 13/1974, S. 541-546.

[10.3] Kuhne, V. und H. Sommer: Projektsteuerung im Hochbau, Bauverlag/ Wiesbaden-Berlin und Verlagsgesellschaft Rudolf Müller/Köln, 1976.

[10.4] Bernet, O.: Bauvertragsrecht, in : Hütte, Bautechnik I, Springer-Verlag/Berlin-Heidelberg-New-York, 1974.

[10.5] Ingenstau, H. und H. Korbion: Kommentar zur Verdingungsordnung für Bauleistungen, Teil A und B, Werner-Verlag/Düsseldorf, 11. Aufl., 1989.

[10.7] Terdenge, H.-G.: Projektsteuerung gemäß § 31 HOAI als Möglichkeit der Rationalisierung. Bauwirtschaft 13/1981, S. 419-426.

[10.8] Seeling, R.: Termine planen und durchsetzen - Projekte zielsicher steuern. Bauwirtschaft 47/1982, S. 1757-1762.

[10.11] Brandstetter, G.: Ein System zur Planung, Steuerung und Kostenkontrolle von Betonfertigteilwerken unter Einsatz der arbeitsplatzorientierten EDV. Schriftenreihe Baubetrieb (Hrsg. Prof. Dr.-Ing. R. Seeling) Bd. 26: Aachen 1980.

[10.12] Seeling, R.: Die Arbeitskalkulation als Steuerungsinstrument für die Auftragsabwicklung. Baumarkt 12/1981, S 709-714.

[10.13] Blecken, U.: Nachkalkulation und Arbeitskalkulation als Teil einer EDV-orientierten Baustellensteuerung. Bauwirtschaft 45/1980, S. 1969-1986.

[10.14] KLR Bau: Kosten- und Leistungsrechnung der Bauunternehmung. Hrsg.: Hauptverband und Zentralverband 1978.

[10.15] Wäger, H.: Die Angebotspreiskalkulation des Baubetriebes auf der Grundlage einer stufenweisen Fixkostendeckungsrechnung. Diss. Berlin 1969.

[10.16] Hedfeld, K.-P.: Die Deckungsbeitragsrechnung. Merkblatt Nr. 35 der RG-Bau im RKW.

[10.17] Termühlen, B.: Controlling als Wertinformations-System und Führungsinstrument der Bauunternehmung. Schriftenreihe Baubetrieb (Hrsg. Prof. Dr.-Ing. R. Seeling) Bd. 28: Aachen 1982.

Sachverzeichnis

Seeling

Unternehmensplanung im Baubetrieb

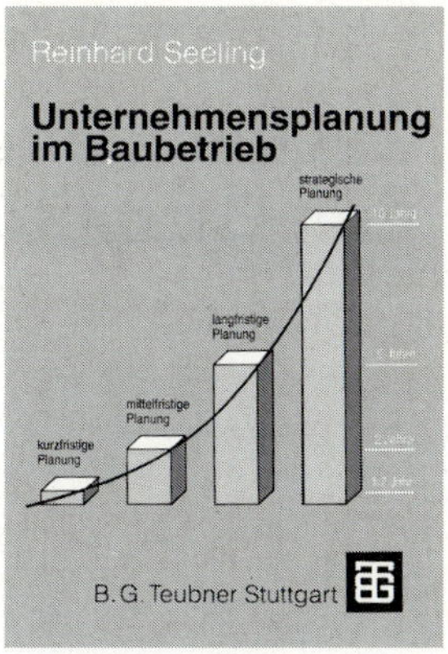

Unternehmensplanung und Unternehmensführung in einer Bauunternehmung sind traditionelle Sparten des Bauingenieurberufes, in die früher ein Hochschulabsolvent durch seine praktische Arbeit allmählich hineinwuchs.

Intention der Neuerscheinung ist es, diesen Lernprozeß zu systematisieren und abzukürzen.

Als komprimierter Leitfaden wendet sich das Buch sowohl an den Bauingenieur-Studenten als auch an den bereits berufstätigen Bauingenieur mit dem Ziel, den Studenten als Lehrbuch auf die tägliche Berufspraxis vorzubereiten und den Praktiker in der Alltagsarbeit als Nachschlagewerk zu begleiten.

Aus dem Inhalt

- Baumarkt und marktgerechtes Verhalten der Bauunternehmung (u.a. Produktionsprogramme, Kooperationsformen)
- Planungsrechnung (u.a. betriebswirtschaftliche Grundlagen für das Rechnungswesen, Jahresabschluß nach dem BiRiLiG)
- Gesellschaftsformen (u.a. Personengesellschaften, Kapitalgesellschaften)
- Unternehmensplanung und -politik, (u.a. Unternehmensziele, Informations- und Controlling-Systeme, Qualitätsmanagement, Logistik, Finanz- und Investitionsplanung, Risikopolitik)
- Personalpolitik (u.a. Personalbedarfsplanung, Modelle für die Personalführung)

Von Prof. Dr.-Ing.
Reinhard Seeling,
Technische Hochschule
Aachen

1995. XII, 259 Seiten
mit 83 Bildern und
18 Tabellen.
16,2 x 22,9 cm.
Kart. DM 52,–
ÖS 385,– / SFr 47,–
ISBN 3-519-05072-2

(Leitfaden der
Bauwirtschaft und
des Baubetriebs)

Preisänderungen vorbehalten

B. G. Teubner Stuttgart · Leipzig